www.ingramcontent.com/pod-product-compliance
Lightning Source LLC
LaVergne TN
LVHW101945220826
846093LV00006B/116

أحمد رخا

الغزو الأزرق

أحمد رخا

الغزو الأزرق

وخيارات التكيف

Noor Publishing

Imprint
Any brand names and product names mentioned in this book are subject to trademark, brand or patent protection and are trademarks or registered trademarks of their respective holders. The use of brand names, product names, common names, trade names, product descriptions etc. even without a particular marking in this work is in no way to be construed to mean that such names may be regarded as unrestricted in respect of trademark and brand protection legislation and could thus be used by anyone.

Cover image: www.ingimage.com

Publisher:
Noor Publishing
is a trademark of
Dodo Books Indian Ocean Ltd. and OmniScriptum S.R.L publishing group

120 High Road, East Finchley, London, N2 9ED, United Kingdom
Str. Armeneasca 28/1, office 1, Chisinau MD-2012, Republic of Moldova, Europe
Printed at: see last page
ISBN: 978-620-4-72360-0

الغزو الأزرق

وخيارات التكيف

تأليف

د.أحمـــد رخـــا

الطابعة الأولى

٢٠٢٢

اسم الكتاب: الغزو الأزرق ....وخيارات التكيف

المؤلف: د/أحمد رخا

- رقم الإيداع لدى دار الكتب والوثائق القومية:
- الترقم الدولي:
- تدقيق لغوي : أحمد حامد عبد ربه

الطابعة الأولى سبتمبر ٢٠٢٢

١٥٨ صفحة

الغزو الأزرق .....وخيارات التكيف

تأليف

د.أحمـــد رخـــا

بسم الله الرحمن الرحيم

الحمد لله وحده، والصلاة والسلام على من لا نبي بعده، سيدنا محمد صلى الله عليه وآله وسلم، فكعادته الجميلة يمتعنا الدكتور/ أحمد رخا بكل ماهو مميز في مجال البيئة ، وكتابنا الذي نحن بصدده (الغزو الأزرق وخيارات التكيف)، وهو كتاب مهم في موضوعه ؛ إذ إن أزمة البيئة والمناخ هي الأزمة التي تضرب عالمنا اليوم، وإن من عواقب تغير المناخ: الجفاف الشديد، وندرة المياه، وارتفاع مستويات سطح البحر، وذوبان الجليد القطبي، والحرائق الكبيرة ، قال الله سبحانه وتعالى في سورة الروم: " ظهر الفساد في البر والبحر بما كسبت أيدي الناس ليذيقهم بعض الذي عملوا لعلهم يرجعون" فالله تعالى يذيقنا من جنس إفسادنا ؛ لعلنا نرجع عن هذا الغي والفساد، وهذه الأرض التي نعيش فيها ونحيا عليها هي أمانة وضعها الله بين أيدينا ونهانا عن الإفساد فيها ، قال ربنا سبحانه في سورة الأعراف: " ولا تفسدوا في الأرض بعد إصلاحها وادعوه خوفا وطمعا إن رحمت الله قريب من المحسنين" وقال تعالى :" ولا تفسدوا في الأرض بعد إصلاحها ذلكم خير لكم إن كنتم مؤمنين"

إن هذا التقدم المادي يحتاج إلى تقدم أخلاقي مواز ليتم تصحيح مسار الإنسانية المعوج ، فإليك أيها القارئ الحبيب هذا الكتاب المهم من خبير وناصح أمين ، أسأل الله تعالى أن يديم نفعه ، وأن يجعله مباركا أينما كان. والحمد لله أولا وآخرا ، وصلى الله وسلم وبارك على سيدنا محمد وعلى آله وصحبه أجمعين.

أحمد حامد عبدربه محمود

عضو لجنة الفتوى بالأزهر الشريف

تقديم

إن العالم الذي يكون فيه جميع البشر متساوون وعقلانيون ومحكومون تمامًا عند مواجهة احتمالية الاحترار العالمي قد يصل إلى القرار الأمثل بناءً على علم المُناخ الملزم، وسيجد هذا العالم المثالي عندئذ اتفاقيات دولية فعالة للحد من انبعاثات غازات الاحتباس الحراري وتجنب تغير المُناخ الضار. للأسف، نحن لا نعيش في مثل هذا العالم في الواقع، ولن يكون علم تغير المُناخ - بغض النظر عن مدى تقدمه - كافياً لإخبار البشرية بما يجب أن تفعله فقد يكون العلم قادرًا على توجيه السياسة من خلال التنبؤ بمدى شدة تغير المُناخ نظرًا لمستويات غازات الاحتباس الحراري المختلفة، ومع ذلك فإن التجربة تعلمنا أن العلم وحده لا يكفي أبدًا عند مواجهة التحديات البيئية لأن اعتبارات الإنصاف والعدالة يجب أن تكون مصدر إلهام لأي اتفاق دولي ناجح.

وينطبق هذا بالتأكيد على ثلاث معضلات أخلاقية رئيسية يتمحور حولها النقاش حول تغير المُناخ هي: كيفية الموازنة بين حقوق ومسؤوليات العالم المتقدم والنامي، وكيفية تقييم مخططات الهندسة الجيولوجية المصممة لعكس أو إبطاء تغير المُناخ، وكيفية تقييم مسؤوليتنا تجاه الأجيال القادمة التي يجب أن تتعايش مع مُناخ نقوم بتشكيله اليوم.

غالبًا ما يتم الترحيب ببروتوكول مونتريال بشأن المواد المستنفدة لطبقة الأوزون لعام ١٩٨٧ جنبًا إلى جنب مع الاتفاقيات اللاحقة على أنه معاهدة بيئية نموذجية على الرغم من أن استبدال مركبات الكلوروفلوروكربون (CFCs) من الواضح أنه أسهل بكثير من فطم العالم عن الوقود الأحفوري فإن البعد الأخلاقي لمعاهدة الأوزون يحمل دروسًا لمعالجة ظاهرة الاحتباس الحرارى في التعامل مع مركبات الكلوروفلوروكاربونية حيث قامت الحكومات والصناعة والعلوم - إدراكًا منها أن المركبات الكلوروفلوروكاربونية والمواد الكيميائية التي يصنعها الإنسان ذات الصلة تسبب في استنفاد طبقة الأوزون - سرعان ما طورت بدائل آمنة للأوزون، واعترافاً بأن الدول المتقدمة والنامية لديها مخاوف مشروعة مختلفة دعت اتفاقيات الأوزون

الدولية الدول المتقدمة إلى أخذ زمام المبادرة في معالجة هذه القضية لأن هذه الدول أنتجت معظم المواد المتورطة في تدمير طبقة أوزون الستراتوسفير، وقد تم إنشاء صندوق لمساعدة البلدان النامية على التخلص التدريجي من المواد الكيميائية المدمرة للأوزون ونقل التكنولوجيا الحديثة ذات الصلة بهذا الأمر من الدول الصناعية إلي الدول النامية بكل سلاسة ودون معوقات حقوق الملكية الفكرية التي طالما تشدق بها الغرب عند الحديث عن تكنولوجيات التغيرات المُناخية، فسياسة الكيل بمكيالين تطلع برأسها في هذا المقام.

تدرك العديد من شرائح المجتمع المختلفة الآن أن اتفاقية المُناخ الفعالة يجب أن يكون لها أيضًا مثل هذا البعد الأخلاقي، وقد ساهمت المنظمات الدينية في الحوار وتناولت مسائل أساسية مثل حقوق الفقراء والدول النامية، وأعلن مؤتمر الأساقفة الكاثوليك بالولايات المتحدة في بيان أن "العمل للتخفيف من تغير المُناخ العالمي يجب أن يُبنى على أساس العدالة الاجتماعية والاقتصادية التي لا تعرض الفقراء لخطر أكبر أو تضع أعباء غير متكافئة وغير عادلة على عاتقهم، ويّقصد بالفقراء هنا الدول النامية

تتفق جميع دول العالم تقريبًا الآن على أن غازات الاحتباس الحراري في الغلاف الجوي يجب أن تبقى أقل من المستوى الذي قد ينتج عنه تغير مُناخي خطير من صنع الإنسان، وهو ما يعادل سقف التركيز ٤٥٠ جزء في المليون

مطلوب من الهيئة الحكومية الدولية المعنية بتغير المُناخ (IPCC) بموجب ولايتها أن تكون محايدة من حيث السياسات، و بصفتي أحد مؤلفي تقرير تحسينات ٢٠١٩ للدلائل الإرشادية لحصر انبعاثات غازات الاحتباس الحراري الصادرة عام ٢٠٠٦ وتحديدا الفصل الخاص بانبعاثات غازات الاحتباس الحراري الناتجة عن صناعة الهيدروجين وهو فصل مستحدث على دلائل عام ٢٠٠٦ ولم يكن موجودا من قبل يمكنني أن أشهد أن الهيئة الحكومية الدولية المعنية بتغير المُناخ قد تجنبت بدقة جميع أشكال مناصرة السياسات، وكانت مهمتها ببساطة تقييم أدبيات البحث العلمي بطريقة ذات صلة بالسياسة ولكنها ليست ملزمة بالسياسة.

على أي حال يعتبر تغير المُناخ الخطير مفهومًا ذاتيًا ويعتمد على قيم الفرد وتحمله للمخاطر من بين عوامل أخرى، ولا يمكن للعلم أن يقول إن مستوى معين من غازات الاحتباس الحراري في الغلاف الجوي آمن ومستوى آخر أعلى قليلاً ليس كذلك، لأن توقع هذه الدرجة من الدقة من علم المُناخ هو أمر غير واقعي مثل توقع أن تعلن العلوم الطبية أن مستوى واحدًا من الكوليسترول يمكن تحمله بالتأكيد وأي مستوى أعلى سيؤدي بالتأكيد إلى نوبة قلبية. وقد لاحظ أينشتاين ذات مرة أن كل شيء يجب أن يكون بسيطًا قدر الإمكان ولكن ليس أبسط من ذلك.

ومع ذلك يمكن للعلم عند التحدث من خلال الهيئة الحكومية الدولية المعنية بتغير المُناخ أن يقدم إرشادات من خلال اقتراح درجة شدة تغير المُناخ التي من المحتمل أن ترتبط بأي كمية محددة من غازات الاحتباس الحراري في الغلاف الجوي. ويعتبر علماء المُناخ الأساسيون مثلي هذه التقارير بمثابة المعيار الذهبي في مجالنا، فنحن نستخدم تقارير الهيئة الحكومية الدولية المعنية بتغير المُناخ ككتب مدرسية لطلاب الدراسات العليا لدينا وقد تم الاعتراف بها على أنها موثوقة من قبل الأكاديميات الوطنية للعلوم والجمعيات المهنية العلمية ومؤخراً من خلال جائزة نوبل للسلام لعام ٢٠٠٧.

لقد وجهت تقارير الهيئة الحكومية الدولية المعنية بتغير المُناخ الاتحاد الأوروبي في تبني هدف محدد رسميًا ألا يزيد الاحتباس الحراري العالمي عن درجتين مئويتين فوق متوسط درجة الحرارة قبل العصر الصناعي في منتصف القرن التاسع عشر.

في ديسمبر ٢٠٠٧ في مؤتمر مُناخي كبير برعاية الأمم المتحدة في بالي وقع أكثر من ٢٠٠ عالم مُناخ من أكثر من ٢٠ دولة على بيان صارم كعلماء أنه بحلول عام ٢٠٥٠ يجب خفض انبعاثات غازات الاحتباس الحراري العالمية بنسبة ٥٠ في المائة على الأقل دون مستويات عام ١٩٩٠، وقد قال العلماء إن الهدف يجب أن يكون تثبيت تركيزات غازات الاحتباس الحراري عند مستوى مكافئ ثاني أكسيد الكربون أقل بكثير من ٤٥٠ جزءًا في المليون.

ليس من المستغرب أن مفاوضي جلاسكو فشلوا في التوصل إلى اتفاق تقبل فيه الدول الصناعية التزامات ملزمة بجداول زمنية ثابتة وأهداف كمية لخفض غازات الاحتباس الحراري، ولم تكن

المشكلة أن العلم كان غير موثوق به أو أن المفاوضين كانوا غير أكفاء، بل كانت العقبة الرئيسية هي أن الدول مثل الأفراد لا تتخذ قرارات رئيسية فقط على أساس النتائج العلمية، ولا أبلغ من موقف تعديل الوثيقة الختامية لميثاق جلاسكو وتعليق أعمال الجلسة الختامية من قبل رئيس الوفد الهندي مطالبا بتعديل النص الخاص باستخدام الفحم ليصبح التخارج التدريجي بدلا من التخارج التام وهو ما اضطر رئيس المؤتمر وباقي الوفود لقبوله على مضض انقاذا لما تبقي من بنود الوثيقة التي استغرق التفاوض حولها أكثر من عامين بعد أن تأجل المؤتمر لمدة عام بسبب أحداث جائحة الكورونا

من الواضح الآن وبشكل متزايد أن العمل الدولي الهادف للحد من تغير المُناخ لا يتطلب فقط أدلة علمية مقنعة واعترافًا بالمصالح الوطنية المشروعة ولكن يجب أيضًا التركيز على اعتبارات الإنصاف والأخلاق. ومع ذلك فإن عواقب وتكاليف تغير المُناخ لا تقع على عاتق جميع الدول وجميع أنحاء العالم بالتساوي، فمع وقود حفري يوفر نحو ٨٠٪ من الطاقة العالمية وتمكين الكثير من التقدم الاقتصادي الحديث ستقبل الدول القيود المفروضة على حريتها في انبعاث غازات الاحتباس الحراري فقط عندما تكون راضية عن معاملتها بشكل عادل كجزء من استجابة عالمية.

تظل وجهات النظر المختلفة للدول المتقدمة والنامية - والتباين بين الإجراءات السابقة والمستقبلية - قضية رئيسية، فإذا سألنا الدول المسؤولة عن الزيادة الهائلة في غازات الاحتباس الحراري فإن الإجابة واضحة - الدول المتقدمة، الولايات المتحدة التي تضم حاليًا حوالي ٥ في المائة من سكان العالم أنتجت حوالي ربع إجمالي ثاني أكسيد الكربون الذي أضافته البشرية إلى الغلاف الجوي، ومن ناحية أخرى إذا سألنا عن مصدر النمو المستقبلي لانبعاثات ثاني أكسيد الكربون فإن الإجابة هي أن الدول النامية ستكون مسؤولة إلى حد كبير، خاصة الدول النامية ذات الكثافة السكانية الكبيرة - الصين في المقام الأول تليها الهند والبرازيل وجنوب أفريقيا وغيرها - تستغل بسرعة الوقود الأحفوري لدعم التنمية الاقتصادية لديها لتحقيق حلم النمو والوصول لمصاف الدول الصناعية، فالصين التي تبني الآن محطة طاقة كبيرة جديدة تعمل

بالفحم كل أسبوع أو نحو ذلك قد تجاوزت بالفعل الولايات المتحدة باعتبارها الدولة التي تنبعث منها معظم انبعاثات ثاني أكسيد الكربون، هل هذا عدل؟ تتطلب المخاوف الأخلاقية فهمًا مبدئيًا للحقوق والالتزامات المختلفة لكل من البلدان المتقدمة والنامية.

يثير الاحتمال الواقعي المتمثل في استخدام الهندسة الجيولوجية لمواجهة تغير المُناخ الذي يسببه الإنسان أيضًا قضايا أخلاقية عميقة، فمن السهل نسبيًا اقتراح طرق لجعل الأرض أكثر انعكاسًا على أمل أن يؤدي تقليل امتصاص ضوء الشمس إلى تعويض تأثير الاحتباس الحراري، ويمكن وضع المرايا الكبيرة في الفضاء، كما يمكن إطلاق جزيئات الكبريتات أو مشتقاتها الكيميائية في الستراتوسفير، إلا أن المخاوف الأخلاقية تحول دون ذلك على الأقل في الوقت الراهن إلا أني أتوقع أن إغراء البحث عن علاج تكنولوجي بسيط وسريع وغير مكلف نسبيًا سيزداد بالتأكيد في القريب العاجل.

أعتقد أنه يجب مقاومة هذا الإغراء، ففي أحسن الأحوال إذا نجحت هذه الجهود فإن الهندسة الجيولوجية ستكون مسببة للإدمان وستلزم الأجيال القادمة بمواصلتها وتشجع المزيد من الاعتماد على الوقود الأحفوري، وعل الأرجح ستخلق الهندسة الجيولوجية مشاكل إضافية مع تفاقم المشاكل الحالية، كما أن زيادة انعكاسية الأرض بشكل مصطنع على سبيل المثال لا تفعل شيئًا حيال التحمض المستمر للمحيطات الناتج عن إضافة ثاني أكسيد الكربون إلى الغلاف الجوي.

البحث أفضل بكثير من الجهل واتخوف من حلول الهندسة الجيولوجية كما أتخوف من الحروب النووية، يمكن للعالم أن يدرسها بكل الوسائل لكن لا يجربها أبدًا وأري أن إجراء أي تدخل دولي واسع النطاق على كوكبنا أمرًا غير مسؤول إلى حد كبير دون التأكد فعليًا من أنه لن تكون هناك آثار جانبية تجعل العلاج أسوأ من المرض، حتى إذا كانت الهندسة الجيولوجية هي الملاذ الأخير في أسوأ السيناريوهات فلنبذل قصارى جهدنا لتجنب هذا السيناريو، ولكن من الذي له الحق الأخلاقي - والقانوني - نيابة عن جميع الدول في التلاعب بالبيئة العالمية بأكملها؟ سؤال يطرح نفسه ويبحث عن إجابة

أخيرًا تتطلب قضية العدالة بين الأجيال اتفاقًا حول كيفية تأثير القرارات المتخذة الآن على الأشخاص الذين لم يولدوا بعد، حيث تظهر عواقب تأثير الاحتباس الحراري المتزايد بعد فترة زمنية غالبًا لعقود أو أكثر، حيث تتفاعل المحيطات وكذلك الجليد والثلج ببطء مع العبء المتزايد لغازات الاحتباس الحراري ، ولقد ألزمنا بالفعل أحفادنا بقرون عديدة من ارتفاع مستوى سطح البحر، فنحن نستفيد الآن من استخدام الوقود الأحفوري الرخيص والوفير ونستخدم الغلاف الجوي كمقلب مجاني للنفايات (الانبعاثات)، ونحكم على أطفالنا وأحفادنا بالتعامل مع تغير المُناخ الناتج.

أنا مقتنع بأن المجتمع العلمي الذي يطمح إلى أن يكون مفيدًا للمجتمع يجب أن يتضمن الأخلاق والإنصاف كجزء لا يتجزأ من جدول أعماله البحثي، ويجب أن نركز بشكل أكبر على توفير المعلومات الكمية ذات الصلة بالنتائج الأخلاقية لخيارات السياسة المختلفة، فعلي سبيل المثال يحتاج صانعو السياسات بشكل عاجل إلى معرفة كيف سيؤثر تغير المُناخ على مناطق مختلفة من العالم والقطاعات الاقتصادية المختلفة. إن التغير القادم في درجة الحرارة المسمى "الاحتباس الحراري" هو ببساطة أحد أعراض اضطراب المُناخ، ويلزم إجراء المزيد من البحوث لبناء تنبؤات محددة بالتأثيرات على إمدادات المياه والأعاصير والعواصف والجفاف والفيضانات والعديد من الظواهر الأخرى، فالعواقب على النظم الإيكولوجية والتنوع البيولوجي في جميع أنحاء العالم هي من بين الأمور المجهولة.

إن دمج مثل هذه الاعتبارات في المفاوضات الدولية بشأن تغير المُناخ ليس من قبيل الخيال أو اللاواقعية حيث تعلمنا الخبرة في المجالات الأخرى أن الأساس الأخلاقي ضروري للوصول إلى حلول فعالة، ويوضح التطور التاريخي لبروتوكول مونتريال واتفاقيات التعامل مع الأضرار التي يسببها الإنسان لأوزون الستراتوسفير بوضوح فوائد أخذ الأخلاق في الاعتبار.

رسالة أوجهها للجميع، وفي مقدمتهم المسئولين عن ضخ المزيد من الانبعاثات كل لحظة إلى الغلاف الجوي لكوكب الأرض، عليكم الاعتراف بالضرر الذي تسببتم به بالفعل في نظام المُناخ

والإقرار بتقليله في القريب العاجل، فهذه مسئوليتكم الأخلاقية والمعنوية تجاه هذا الكوكب الصغير وتجاه أحفادنا وتجاه جميع أشكال الحياة على الأرض.

دكتور/ سمير طنطاوي

استشاري التغيرات المُناخية بالأمم المتحدة

وكبير مؤلفي تقارير الهيئة الحكومية الدولية لتغير المُناخ

مايو ٢٠٢٢

مقدمة

لم تكن قضية التغيرات المُناخية حتى وقت قريب تلقى اهتماماً لدى المتخصصين بمصر، ناهيكم عن باقي فئات المجتمع. بدأ الاهتمام بهذه القضية يتزايد مع مرور الوقت، ومع تزايد تداعيتها ومظاهرها السلبية. بدأت تتناوب وتتابع الموجات الحارة، وزادت وتيرة الارتفاع الشديد وغير المسبوق فى درجات الحرارة، كما زادت أيضاً مدتها، للتتجاوز الثلاثة أيام التي اعتاد خبراء الأرصاد أن يبشرونا بأنها لن تتجاوزهم. صاحب هذه الموجات الحارة إنتشار العديد من الأمراض والأوبئة الجديدة وغير المعروفة، وتفشت الآفات الزراعية التى لم يألفها المزارعون، أو يعتادوا عليها، ولم يَتعرف خبراء الزراعة على أسبابها، أو طرق علاجها، حتى أتت على بعض المحاصيل فدمرتها، وأتلفتها تماما وهي مازالت ثمارٍ غضة فى أكمامها، كما نَدُرت الأمطار فى بعض الأماكن، وهطلت بغزارة فى أمكان أخرى، حتى وصلت إلى حد السيول والفيضانات.

من أكثر المناطق التي تضررت بشكل مباشر من مظاهر هذه المشكلة البيئية العالمية، هى المناطق الساحلية الواقعة على شواطئ البحار، ولا سيما البحر المتوسط، وخاصة وأن هذه المناطق تصنف على أنها مناطق هشة بيئياً، حيث تتأكل الشواطئ فى أمكان كثيرة، وتتغلغل المياه المالحة أكثر فأكثر لتغزو اليابسة، فتضررت كافة مظاهر التنمية التي أقامها الإنسان على مدار عقود من الزمن، وتحولت كافة المناطق ذات المناسيب الطبوغرافية المنخفضة إلى بركِ ومستنقعات مالحة، أما الأراضي الزراعية المستصلحة حديثا بدأت تتناقص يوماً بعد يوم أمام غزو هذه المياه، وتغلغلها أكثر فأكثر في التربة الزراعية، إلى أن وصلت إلى جذور النباتات فذبلت ثم ماتت، واضطر أصحابها إما إلى هجرها وتركها لتبور، أو تحويلها لمزارع سمكية.

اختلطت مياه البحر المالحة بالمياه العذبة بنهاية فرع نهر النيل بدمياط، وامتد تأثيرها جنوباً لمسافات وصلت لمئات الأمتار، فضلاً عن تسربها إلى المياه تحت سطحية ومياه الخزان

الجوفي، فأضحت كافة الآبار الساحلية، ومعظم الأبار بالمناطق الشمالية لدلتا النيل ذات الأعماق الضحلة أباراً للمياه المالحة بعد أن كانت آباراً للمياه العذبة.

لم ينتبه المَسؤولون، وأصحابُ المصلحة، إلى هذا الخطر المحدق، وكان من الممكن التماس الأعذار لهم فى البداية، لنقص أو غياب الوعي تماماً بهذه القضية، إلا أن الشيء الغريب واللافت للنظر فى هذا الأمر، هو أن السياسات لم تتغير حتى بعد أن أصبحت القضية مسار اهتمام العالم بأسره، ومادة إعلامية دائمة على كافة وسائل الإعلام العالمية والمحلية، ومادة علمية أساسية تدرس فى الكليات والمعاهد بالجامعات المختلفة الخاص منها والعام.

استمرت كافة مخططات التنمية، ومشروعاتها المختلفة بلا دراسات تمهيدية مسبقة للتعرف على حجم المخاطر الطبيعية التى قد تَهددُ تلك المناطقَ الساحلية، وربما تشكل خطراً وجودياً لتلك المشروعات، بل ما زاد الطين بلةً هو إقدامُ بعض الجهات الرسمية والإدارات المحلية بإزالة آلاف الأمتار المكعبة من تجمعات الكثبان الرملية الطبيعية، والتي يَعتبرها علماء الجيولوجيا، وخبراء حماية الشواطئ موانع طبيعة تمنعُ أو تَحُد على أقل تقدير من التأثيرات السلبية لهذا الغزو الأزرق لمياه البحر. ولم يدرك هؤلاء المسؤولون بأنهم بسلوكهم هذا لا يُزيلون الموانع الطبيعة فقط، بل يعجلون بغزو مياه البحر، ويمهدون الطريق له، فبدلاً من أن كان هذا الغزو مُقدر له أن يكتمل فى غضون عشرات السنين طبقاً لأسوء السيناريوهات، فقد أضحى حدوثه وشيكاً فى غضون سنوات قليلة.

لم تفلح المشروعات الحالية والتي تتبناها بعضُ الجهات المعنية بالدولة، ولا الوسائل التي أعتمدتها كحل لهذ المشكلة- مثل الحوائط البحرية، وكاسرات الأمواج (breakwaters)، لم تفلح في وقف تقدم مياه البحر تجاه اليابسة. أثبتت التجربة العملية بأن هذه الإنشاءات البحرية غير مستدامة، وسرعان ما تعلوها المياه، وتتجاوزها مرة ثانية لتغزو خط الشاطئ، وتقترب أكثر وأكثر فى اتجاه اليابسة وما عليها من مشروعات. بل إن بعض هذه الوسائل كان لها آثار سلبية أخرى على خط الشاطئ، فأدت إلى تعرجه فى المناطق التي تفصل الحوائط البحرية عن بعضها، وتحولها إلى خلجان صغيرة ضيقة، فزادت وتيرة التآكل فى هذه المناطق عن المعدلات

الطبيعية، نتيجة لضراوة اصتدام الأمواج العاتية برمال الشواطئ ، وزادت أيضاً معدلات النحر خلف الحوائط البحرية وزاد عمق المياه بها، لتتحول الميول التدريجية للشواطئ إلى أثر بعد عين.

كان لابد من التفكير فى حلول أكثر استدامة للتكيف مع مظاهر هذه المشكلة، والتخفيف من تأثيراتها الكارثية بقدر المستطاع، لذلك تم تخصيص الفصل الأخير من هذا الكتاب ليتناول حزمة من الخيارات التكاملية، التي أرى أنه يجب العناية بها ودراستها من قبل المتخصصين، وأصحاب القرارت النافذه فى هذا الشأن، ووضعها موضع التنفيذ، جلها أو بعضها، وإن كنت أرى أن خيار استزراع بعض المناطق بالشريط الساحلي بأشجار عملاقة وتحويلها إلى غابات، وإدارتها إدارة مستدامة، وذلك بوقف التعدي على ما هو موجودٌ بالفعل منها، والتوسع فى إضافة مساحات أخرى فى مناطق جديدة، هو أكثر هذه الخيارات شمولية. سيحقق هذا الخيار الاستدامة والتكامل فى آن واحد، فضلاً عن أنه سيحقق فوائد أخرى بيئية واقتصادية وترفيهية.

زاد الاهتمام العالمي بالغابات إلى آفاق غير مسبوقة، وخاصة مع تزايد الوعي بدور الغابات في دورة الكربون العالمية، وقدرتها على التخفيف من حدة تغير المُناخ عن طريق خفض انبعاثات الكربون، من خلال زيادة فرص امتصاصه أثناء عمليات البناء الضوئي من خلال الإدارة المستدامة للغابات. كما أن للغابات الشجرية دوراً حيوياً في دعم الحياة على الأرض، حيث لا ينطوي دور الغابات على امتصاص الكربون فقط، بل دورها يمتد إلى أكثر من ذلك ، حيث إنَ الغاباتِ تمثلُ بعضَ النظم البيئية الأكثر تنوعاً على سطح الأرض، وفي وقت الأزمة الاقتصادية توفر الغابات فرص عمل، وسبل عيش لنسبة كبيرة من السكان خاصة في البلدان النامية، وكثيراً ما تمثل شبكة أمان اقتصادي في أوقات الحاجة.

جدير بالذكر أنَ التقييم العالمي لحالة الغابات(الموارد الحرجية) لعام ٢٠١٠م تشير إلى أن معدل إزالة الغابات يتباطأ عالمياً، بالرغم من أنه ما زال ينذر بالخطر في العديد من البلدان، وإلى أن أنشطة التحريج ، والتوسع الطبيعي للغابات في بعض البلدان والمناطق أدت إلى انخفاض صافي الخسائر في مساحة الغابات. ومع ذلك فإن معظم خسائر الغابات في البلدان

تحدث في المنطقة الاستوائية، في حين أن معظم الزيادة في مساحة الغابات تحدث في المناطق الشمالية والمعتدلة، وعلاوة على ذلك انتقلت العديد من الاقتصادات الناشئة من خسارة صافية إلى زيادة صافية في مساحة الغابات. وهذا كله يسلّط الضوء على إمكانية الاستفادة من هذه الخصائص والمميزات الكبرى للغابات وزراعة الأشجار، وتوسيع نطاق زراعة الغابات، والتشجيع على العمل على جميع المستويات لتحقيق هذا الهدف، وأن يكون لها الدور الرئيس للتغلب على مظاهر التغيرات المُناخية التي تهدد المناطق الساحلية وما عليها من مشروعات تنموية، فضلاً عن بعض الأهداف الاقتصادية

المؤلف

د/أحمد السيد رخا

تنويه

يجب التنويه إلى أن كافة الأرقام، والاحصائيات، والبيانات، الواردة بالكتاب تم الحصول عليها من مصادرها الرسمية الموثوقة، والمنشورة بالتقارير الفنية المتخصصة، والأبحاث، والدوريات العلمية.

الفصل الأول

حقيقة أم دورة طبيعية

دأب المشككون من أصحاب المصالح وقوى الضغط فى كل زمان ومكان على التشكيك في كل ما هو جديد وغير مألوف، حتي ولو كان حقيقياً، لإثارة البلبلة، والظهور إلى واجهة المجتمع، وتصدر المشهد من خلال آرائهم المختلفة والشاذة، دون أن يقدموا أدلة واضحة ومرضية تعكس وجهة نظرهم، وتدحض كل ما عداها.

فغالباً ما تحركهم دوافعهم الخاصة، ومصالحهم الذاتية، وقد تكون هذه الدوافع مادية بحتة خشية أن يتكبدوا بعض الخسائر المالية، أو ربما الاقتصادية فى حال تغيرت الأوضاع عما هي عليه، وقد تتصل هذه الدوافع بمكانة اجتماعية أو علمية يخشون فقدانها، وربما وفى أحيانٍ أخرى تحركهم مصالح بعض المنظمات أو المؤسسات التي ينتمون إليها، ويدافعون عن مصالحها بنفس القدر الذي يدافعون فيه عن مصالحهم الخاصة، فلا يكلفون أنفسَهم عناء التفكير وتمحيص ماهو جديد للتأكد من صدقه أو مصداقية من يعرضونه لمجرد أنهم يعتقدون أنه يهدد مصالحهم الآنية أو مكانتهم الحالية.

يتصف بعض هؤلاء المشككين بجمود الفكر، وضيق الأفق، ونمطية التفكير، وذاتية النزعة، بل إن شئت قل انتهازيو المذهب، أو مايطلق عليهم النفعيون، لذلك يصعب عليهم تقبل أي أفكار جديدة، أو استيعاب التطور الطبيعي لمجريات الأحداث والقضايا، وبدلاً من أن يتواروا خجلاً من جمود أفكارهم، أو قلة علمهم، فإذا بهم يتصدرون المشهد، لِيُعلنوا رفضهم، ويفرضوا شكوكهم على غيرهم خاصة على تلك الفئات المترددة، أو الحذرة فى تقبل كل ما هو جديد بسهولة ويسر.

قد يكون من المقبول أو من غير المستغرب أن يصدر هذا التشكيك في كل ما هو جديد، وغير مألوف والتحذير منه، ممن نالوا قِسطاً محدوداً من التعليم، أو من غير المُتعلمين من الأصل، لكن المثير للحيرة والاستغراب أن يتبنى هذا المنهج المُشكك بعض أساتذة الجامعات، أو بعض العلماء، أو بعض المثقفين، أو ممن يحملون مشاعل التنوير بالمجتمع. خطورة الأمر في أن تلك

النخب غالبا ما يكون لها مُريدوها ومُتبِعوها، أو إن شئت قل جمهور من القراء، أو المشاهدين، أو طلاب العلم حسب طبيعة مِهنهم، ويثقون فى آرائهم وتَوجُهاتهم، بل يعتبرونهم قدوة حسنة يسعون إلى الاقتداء بمنهجهم وأفكارهم فى الحياة، وإذ يتغير بهم الحال ليكونوا قادة تضليل، ورواد تخلف، بدلاً من أن يكونوا قادة تنوير ورواد تقدم.

بدأت قضيةُ التغيرات المُناخية تظهر إلى المشهد، وراحت تتلقفها المحافل الدولية بالحديث والنقاش منذ ثمانينيات القرن الماضي ،ظهر هؤلاء المشككون ليشككوا فى هذه القضية البيئية بكل ما أُوتوا من قوة، لم يتركوا مناسبةِ أو محفلاً إلا وتصدروه، ليثبتوا للجميع بأن مايشهده العالم من مظاهر مُناخية غريبة ما هي إلا دورة طبيعية من الدورات التي تتعاقب على كوكب الأرض كل حقبة من الزمن، وادعاء أن هذه التغيرات إنما حدثت نتيجة للنشاط البشري المتزايد والمتصارع منذ عصر الصناعة الأول وحتى يومنا هذا منافٍ للحقيقة ، وأن هذا الأمر حتميٌ وليس للإنسان دخل فيه من قريب أو بعيد، وما على الإنسان سوى التكيف مع هذه التغيرات دون أن يلام أحد، أو مؤسسة من المؤسسات، أو دولة من الدول، على ما أحدثته من خلل فى التوازن الطبيعي الذي يحافظ على عناصر البيئة، ويضمن تنميتها واستدامتها. لم يقدموا دليلاً واحداً على صدق ادعائهم، بل كل حُجتهم ،وكل ما استرشدوا به، هو ما حدث فى الماضي السحيق من دورات طبيعية فى المُناخ.

استشهد المشككون على دورية التغيرات المُناخية بالعصور الجليدية مثلاً، وهي فترات في تاريخ الأرض غطى فيها الجليد أقاليم كبيرة. ويعتقد العلماء بوجود العديد من العصور الجليدية الرئيسة التي دام كل منها عدة ملايين من السنين، حيث كان أول العصور الجليدية المعروفة أثناء زمن ماقبل الكمبري منذ حوالي ٢,٣ مليار سنة، وكذلك وجد عصر جليدي مهم منذ ٦٠٠ مليون سنة مضت عند نهاية زمن ما قبل الكمبري، وقد بدأ العصران الجليديان التاليان منذ

حوالي ٤٥٠ مليون سنة أثناء العصر الأوردوفيشي، ومنذ حوالي ٣٠٠ مليون سنة أثناء العصر الكربوني، واستمر كل عصر جليدي من ٢٠ إلى ٥٠ مليون سنة على مدى ملايين السنين[1].

يعتقد معظم العلماء الآن، أنه منذ ٣٠٠ مليون سنة مضت كانت هذه الأراضي متجمعة مع أنتاركتيكا حول القطب الجنوبي، مشكِّلة قارة واحدة اسمها أرض الجندوانا التي تفككت في أو من بعد ذلك العصر، ثم تحركت أجزاء الأراضي المنفصلة ببطء إلى مواقعها الحالية. انقرضت في العصر الجليدى الأخير الثدييات العظمية (الفقارية) عندما غطى الجليد معظم المعمورة.

وبهذا العصر ظهر الإنسان العاقل الصانع لأدواته، وعاشت فيه فيلة الماستدون، والماموث، وحيوان الدينوثيريوم الذي كان يشبه الفيل لكن أنيابه لأسفل وحيوان الخرتيت، وكانوا صوفي الشعر الذي كان يصل للأرض. وفيه كثرت الأمطار بمصر رغم عدم وجود الجليد بها، حيث أن صخور هذا العصر عليها آثار الجليد .

كذلك استشهدوا بالعصر المطير حيث استمر هطول الأمطار بغزارة لفترات طويلة ، مما أدى إلى أن طغت المياه على معظم المساحات اليابسة. العصر المطير أو مرحلة الهولوسين الرطبة هو حقبة ممتدة (من حوالي ٧٥٠٠-٧٠٠٠ قبل الميلاد إلى حوالي ٣٥٠٠-٣٠٠٠ قبل الميلاد) من الحالة الممطرة والرطبة في تاريخ المُناخ في شمال أفريقيا، وقد سبقتها وتلتها فترات أكثر جفافا. كانت ملامح مساحات كبيرة من شمال ووسط وشرق أفريقيا تختلف اختلافا كبيرا عن المعايير اللاحقة. وكانت البحيرات القائمة ترتفع عشرات الأمتار عن اليوم، وأحيانا مع تصريفات بديلة[٢].

---

١. الموسوعة المعرفية الشاملة (٢٠٠٩)

[2] Kutzbach, J.E. (1996)

شبكة المشككين

ضمت شبكة المشككين فى قضية التغيرات المُناخية العديد من الدول، والجماعات ذات المصالح المشتركة أو المتفرقة، وكان من بين أهم عناصر هذه الشبكة الولايات المتحدة الأمريكية، حيث تعد صناعة إنكار حقيقة التغيرات المُناخية الأقوى في الولايات المتحدة[3] ، والتي بدأت منذ عام ٢٠١٥م وحتى عام ٢٠١٧م،حيث ترأس **جيم إينهوفي** لجنة مجلس الشيوخ بالولايات المتحدة للبيئة والأشغال العامة، وهو من جماعات الضغط النفطية، ومنكري تغير المُناخ ، الذي كان قد وصف في السابق تغير المُناخ بأنه "أكبر خدعة ارتكبت ضد الشعب الأمريكي "، وإدعى أنه كشف عن خدعة مزعومة في فبراير ٢٠١٥م عندما أحضر كرة الثلج معه في مجلس الشيوخ وألقاها عبر الأرضية [4].

خلفه **جون باراسو** في عام ٢٠١٧م، الذي قال بالمثل: "المُناخ يتغير بإستمرار، والدور الذي يلعبه النشاط البشري غير معروف" . ترتبط الحملة المنظمة لتقويض ثقة الجمهور في علوم المُناخ بالسياسات الاقتصادية المحافظة، وتدعمها المصالح الصناعية المعارضة لتنظيم انبعاثات ثاني أوكسيد الكربون.ارتبط إنكار التغير المُناخي مع لوبي الوقود الأحفوري، وإخوان كوخ، ودعاة الصناعة، ومراكز الفكر المحافظ، غالبًا في الولايات المتحدة[٥].

أكثر من ٩٠ ٪ من الأوراق المتشككة في تغير المُناخ تنبع من مراكز الفكر اليمينية [٦] ، ويبلغ إجمالي الدخل السنوي لمنظمات مكافحة تغيرالمُناخ هذه حوالي ٩٠٠ مليون دولار[7]. بين عامي ٢٠٠٢م و ٢٠١٠م ، ما يقرب من ١٢٠ مليون دولار تم التبرع بها بشكل مجهول عبر صندوق المانحين لرؤوس الأموال والجهات المانحة لأكثر من ١٠٠ منظمة تسعى إلى تقويض التصور

---

3 Readfearn, Graham (2015)

4 Suzanne Goldenberg (2015).

5Jacques, Dunlap & Freeman (2008)

6 Xifra, Jordi (2016)

7 Brulle, Robert (2014)

العام للعلوم حول تغير المُناخ[8]. في عام ٢٠١٣م، ذكر مركز الإعلام والديمقراطية أن شبكة سياسة الدولة(SPN) ، وهي مجموعة تضم ٦٤ مؤسسة فكرية أمريكية، كانت تضغط نيابة عن الشركات الكبرى والمانحين المحافظين لمعارضة تنظيم تغير المُناخ[٩].

بعض جماعات إنكار تغير المُناخ تقول إن نسبة ثاني أكسيد الكربون هي ضئيلة في الجو (حوالي ٤٠٠ جزء في المليون، أو ٠,٠٤ ٪)، مما يجعل تأثيره على المُناخ قليل الأهمية، بالرغم من أن العلماء عرفوا منذ أكثر من قرن من الزمان أنه حتى هذه النسبة الصغيرة لها تأثير كبير على ارتفاع درجات الحرارة، ومضاعفة النسبة تؤدي إلى زيادة كبيرة في درجة الحرارة[١٠]. كما تقول مجموعات إنكار المُناخ أن الاحتباس الحراري توقف مؤخرًا، أو أن درجات الحرارة العالمية آخذة في التناقص، مما يؤدي إلى تبريد عالمي .تستند هذه الحجج إلى تقلبات على المدى القصير، وتتجاهل نمط الاحترار على المدى الطويل .

كانت حالة عدم اليقين المصطنّعة بشأن تغير المُناخ، هي الإستراتيجية الأساسية لإنكار تغير المُناخ، فعالة للغاية، لا سيما في الولايات المتحدة، وقد ساهمة في تدني مستويات القلق العام، وفي تقاعس الحكومات في جميع أنحاء العالم. يشير استطلاع أجرته أنغوس ريد في عام ٢٠١٠ إلى أن الشكوك حول الاحترار العالمي في الولايات المتحدة وكندا والمملكة المتحدة آخذة في الارتفاع[11]. قد تكون هناك أسباب متعددة لهذا الاتجاه، بما في ذلك التركيز على القضايا الاقتصادية وليس البيئية، والتصور السلبي للأمم المتحدة ودورها في مناقشة تغير المُناخ.

شملت شبكة المشككين جماعات الضغط ، حيث ساهمت الجهود المبذولة لهذه الجماعات فى الضغط ضد اللوائح البيئية كحملات لإثارة الشكوك حول العلم وراء تغير المُناخ، ولإخفاء الإجماع العلمي والبيانات.

---

8 Goldenberg, Suzanne (2013)

9 Pilkington, Ed (2013)

10 Rennie (2009)

11 Corcoran, Terence (2010)

لقد قوضت هذه الجهود ثقة الجمهور في علوم المُناخ، وأثرت في الضغط على قضية تغير المُناخ. لم يتردد القطاع الخاص فى المساهمة فى هذه الشبكة ، حيث تُوفر العديد من الشركات الكبيرة المتخصصة فى مجال استخراج وصناعة الوقود الأحفوري تمويلًا كبيرًا لمحاولات تضليل الجمهور بشأن جدارة علم المُناخ بالثقة .هذا وقد تم تحديد عائلتي **اكسون موبيل و كوتش** على أنهما الممولان المؤثران بشكل خاص لمناقضة تغير المُناخ[١٢] .

وسائل التشكيك

استخدمت شبكة المشككين وسائل وأساليب عديدة للوصول إلى غايتهم وتحقيق أهدافهم ، ومنها إثارة نظريات المؤامرة الخارجية، والعلوم الزائفة، وإثارة الرأى العام...وغيرها من الأساليب.

١ـ نظريات المؤامرة

تَمَ طرحُ نظريات مؤامرة حول الاحترار العالمي، والتي تزعم أن الإجماع العلمي هو وهم، أو أن علماء المُناخ يعملون على مصالحهم المالية الخاصة، عن طريق التسبب في إنذار لا مبرر له حول تغير المُناخ ، لم يتم تقديم دليل واحد على هذه المؤامرة، وأنه لا يوجد إجماع قوي بين العلماء من ذوي الخلفيات السياسية، والاجتماعية، والتنظيمية، والوطنية، حول مدى وسبب تغير المُناخ . وقد خلص العديد من الباحثين إلى أن حوالي ٩٧٪ من علماء المُناخ يتفقون مع هذا الإجماع[١٣]، كذلك فإن الكثير من البيانات المستخدمة في علوم المُناخ متاحة للجمهور، ليتم عرضها، وتفسيرها من قبل الباحثين المتنافسين وكذلك الجمهور[14].

٢ـ العلوم الزائفة

وصفت مجموعات مختلفة، بما في ذلك المركز الوطني لتعليم العلوم بأمريكا، إنكار تغير المُناخ بأنه شكل من أشكال العلوم الزائفة[15] ، وركزت شكوك التغير المُناخي، رغم اعترافها في بعض

[12] Justin Farrell,(2015)

[13] Anderegg, William R L et al. (2010).

[14] Rennie (2009)

[15] Lahsen, Myanna (2005)

الحالات بإجراء أبحاث حول التغير المُناخي، بدلاً من ذلك على التأثير على رأي الجمهور والمشرعين ووسائل الإعلام، على عكس العلم الشرعي [16].

٣- التأثير في الرأي العام

يتأثر الرأي العام بشكل كبير بالتغطية الإعلامية لتغير المُناخ، وتأثيرات حملات إنكار هذا التغير المُناخي. أدت الحملات الرامية إلى تقويض ثقة الجمهور في علوم المُناخ إلى انخفاض إيمان الجمهور بتغير المُناخ، مما آثر بدوره على الجهود التشريعية للحد من انبعاثات غاز ثاني أوكسيد الكربون.

٤- النزعات القومية

لقد اقترحت جماعات الضغط فكرة أن تغير المُناخ يمكن أن يتعارض مع وجهة نظر قومية، لأنه "غير قابل للحل" على المستوى الوطني، ويتطلب عملاً جماعياً بين الأمم، أو بين المجتمعات المحلية، وبالتالي فإن القومية الشعبوية تميل إلى رفض علم تغير المُناخ[١٧] .

٥- المدارس

وفقًا للوثائق التي تم تسريبها في فبراير ٢٠١٢م، قام معهد هارتلاند بتطوير منهج للإستخدام في المدارس، والذي يعتبر تغير المُناخ بمثابة جدل علمي[١٨]. في عام ٢٠١٧م كتب **جلين برانش،** نائب مدير المركز الوطني لتعليم العلوم(NCSE) ، أن "معهد هارتلاند يواصل نشر كتابه الخاص بإنكار التغير المُناخي على معلمي العلوم في جميع أنحاء البلاد". كما وصف كيف كان رد فعل بعض معلمي العلوم على رسائل هارتلاند: "الحسن الحظ، لا يزال يتم استقبال رسائل هارتلاند بالشك ورفضها بازدراء"[١٩] .وقد أعدت NCSE موارد الفصول الدراسية ردا على هارتلاند وغيرها من التهديدات المعادية للعلوم[٢٠].

---

16 Brown (1996)

17 International Institute for Environment and Development. (2016)

18 Justin Gillis; Leslie Kaufman (2012)

19 Branch, Glenn (2017)

20 NCSE (2017).

دحض الشكوك

إن المنطق والعقل يدعوان كل عاقل رشيد إلى التفكير والتمحيص فى كل ما هو جديد قبل أن يتم الحكم عليه، وتقرير ما إذا كان سيتم قبوله أو رفضه, لا أن يتم تبني الأحكام المسبقة برفض كل ما هو مخالف للمألوف والمتعارف عليه، والركون إلي فكرة أن كل جديد بدعة، ولو استمر الحال على هذا المنوال لما حدث التقدم والتطور الطبيعي فى دورات الحياة، ولما وصلنا إلى ما وصلنا إليه من تقدم مذهل، وسريع فى كافة مناحي الحياة، بل إن الجمود سيؤدي حتما إلى التخلف، والرجعية، وربما الإندثار تحت وطأة حركة التطور والتقدم.

نسي هؤلاء المشككون، أو تجاهلوا، أن الدورات الطبيعية فى المُناخ، والذين استرشدوا بها لإثارة البلبلة حول حقيقة هذه القضية، إنما استغرقت فترات زمنية طويلة منذ حدوثها وحتى إكتملت ، وهذه الفترات ربما تقاس بملايين السنين، كما أنها لم تكن سريعة أو متسارعة، بل بدت تدريجية، وسبقتها مؤشرات دلت عليها، ونبأت بها. بينما المدقق للتغيرات المُناخية الحادثة فى عصرنا هذا، والمحللون لبيانات الرصد، سيجدوا أن مؤشرات هذه التغيرات قد بدأت فى الارتفاع منذ فترة وجيزة من عمر الزمن (مئاتي سنة أو ربما تزيد قليلاً)، حيث بدأت ملاحظة هذه التغيرات، وتسجيل بياناتها، مع بداية عصر الصناعة الأول تقريباً ، كما سيجد المحللون أيضاً، بأن مؤشرات التغيير تبدو متسارعه بشكل مخيف، ويدعو للقلق، وهذا أول دليل يدحض وجهة النظر المشككة.

تُحَمِل وجهة النظر الأخر المناهضة لادعاءات المشككين الإنسان مسؤولية ما يحدث الآن، نتيجةً لنهمه المتزايد، وجشعه اللامحدود نحو استغلال كل ما يقع بين يده من موارد وثروات طبيعية، وخامات أولية، بغية تحقيق طموحاته فى الرفاهية، وشغفه فى سبر مكنونات الحياة، دون أى حساب يُحسب لاستدامة هذه الموارد، ودون أن يلتفت أو ينتبه بالطبع لمخاطر هذا السلوك، إلا بعد فوات الأوان، والتأثيرات السلبية علي البيئة أو المُناخ ، والتي أدت إلى أن تصبح هذه التغيرات متسارعة. ارتبطت هذه التغيرات بشكل كامل مع تزايد الأنشطة البشرية، خاصة تلك الأنشطة الصناعية وما واكبها من بحث حثيث، وبشكل دؤوب في أعماق الأرض عن مصادر

للطاقة (الوقود الأحفوري)، لتلبية الطلبات المتزايدة عليه، لتشغيل الآلات والمعدات، التي أدت الثورة الصناعية إلى إختراعها واستحداثها- مثل القطارات التي تعمل بالفحم، والسيارات، والمراجل البخارية اللتين تعملان بمشتقات الوقود الأحفورى.

يدعم وجهة النظر المدحضة لادعاءات المشككين، أنه تلاحظ انخفاض انبعاثات ثاني أكسيد الكربون العالمية بنسبة ٩٪ في النصف الأول من عام ٢٠٢٠م، عندما أجبرت جائحة كورونا COVID-19 معظم الاقتصاديات العالم على الإغلاق لأسابيع انظر الشكل(١) [٢١]، وقد توقع العلماء أن انخفضاً مماثلاً هو مطلوب كل عام للعقد القادم للحفاظ على التقدم نحو الحد من الاحترار العالمي عند ١,٥ درجة مئوية، وتجنب السيناريو الأسوأ لآثار تغير المُناخ[٢٢].

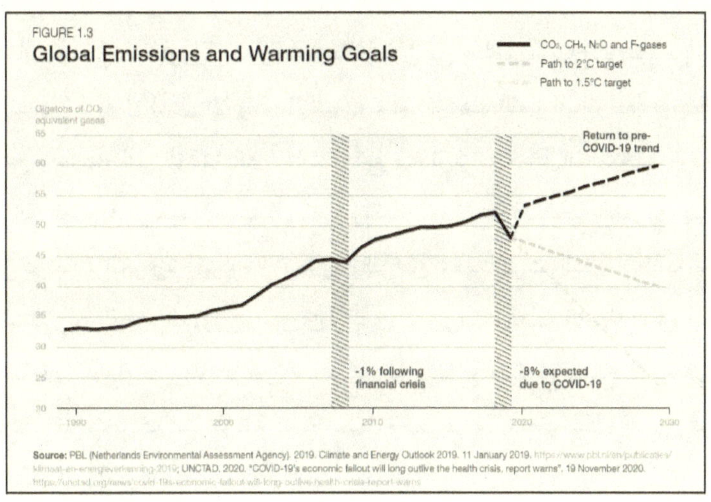

شكل رقم (١): تأثير جائحة كورونا على الانبعاثات العالمية لغازات الاحتباس الحراري

[21] Liu, Z. et al (2020)

[22] PBL (2019)

قد واكب هذا النشاطَ الصناعي بالطبع نشاطٌ آخر، هو التوسع فى استصلاح الأراضي الزراعية وإدارتها، اعتمادا على التكنولوجيا الحديثة والمبتكرة، لتلبية الطلبات المتزايدة من المواد الخام الأولية اللازمة لصناعة الملبوسات، والمواد الغذائية، للوفاء باحتياجات السكان الذين بدأوا أيضا فى التزايد، وأدى هذا التوسع بالطبع إلى استقطاع مساحات شاسعة من الغابات الطبيعية لاستصلاحها وزراعتها، أو لمواكبة التوسع العمراني وتلبية الحاجة إلى بناء مساكن ومصانع، خاصة وأن الغابات هي أحدى أهم المصارف الكبرى التي يتم تخزين الكربون فيها. أدى التوسع الزراعي خاصة التوسع الرأسي إلى الاستخدام المفرط في المبيدات الكميائية المخلقة، والأسمدة الكميائية، للتغلب على الآفات الزراعية، ولرفع مستويات خصوبة التربة، وزيادة الإنتاجية من الحاصلات الزراعية.

ومما يؤكد أيضاً على عدم دورية التغيرات الحادثة الآن فى عناصر المُناخ، ويدفع في اتجاه أنها اضطرابات حدثت بفعل فاعل ألا وهو الإنسان، وهو أن هذه التغيرات ترتبط ارتباطاً وثيقاً، وتتفاعل مع بعضها، ففى الوقت الذى بدأت ترتفع فيه تركيزات غازات الدفيئة، أو ما يطلق عليها غازات الصوبة الزجاجية، وبشكل كبير ومتسارع، نتيجة للأنشطة البشرية، بدأ يواكبها ارتفاع في درجات الحرارة لكوكب الأرض، بالتزامن معهما بدأت الكتل الجليدية سواء فى القطب الشمالي أو القطب الجنوبي بالذوبان وبنفس مؤشرات ونسب الارتفاع، ومن ثم بدأت تتقلص مساحتها عاماً بعد عام. تزامن مع ذلك كله ارتفاع مستوى سطح المياه فى البحار والمحيطات وتغيرت تركيزات ملوحة المياه أيضاً، وكما هو موضح بالشكل التالي رقم (٢)

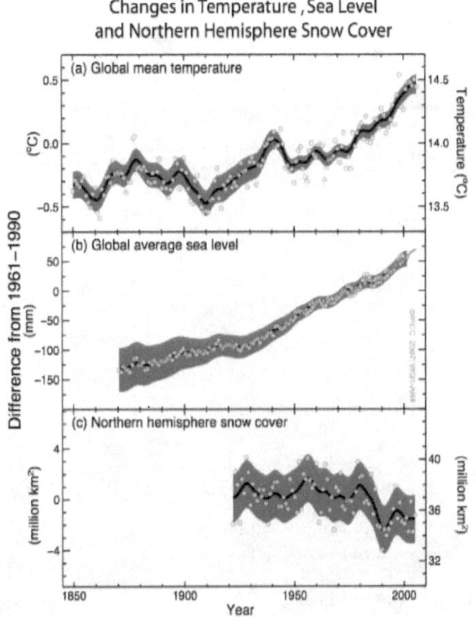

شكل رقم (٢): مقارنة بين التغيرات فى درجات حرارة الكوكب ومساحة الغطاء الجليدي وارتفاع منسوب المياه بالبحار والمحيطات.

الدليل الآخر على حقيقة هذه التغيرات، وكَذب ادعاءات المشككين، وأن ما يحدث ليس تغيرات منظمة وتدرجية ، بل هى اضطرابات في التوازن الذي يحافظ على المُناخ، نتيجة لتزايد قدرة الغلاف الجوي على امتصاص الأشعة فوق الحمراء التي تحدثها غازات الاحتباس الحراري، وهو أن الاضطرابات قد إمتدت لتشمل بعض المظاهر الأخرى مثل زيادة عدد ومعدلات حدوث الأعاصير، والأماكن التي تضربها. فبعد أن كان حدوث هذه الأعاصير مقترناً بسواحل بعض الدول، وفى أوقات بعينها، بات الأمر مختلفاً الآن، فراحت تضرب هذه الأعاصير سواحل دول لم تعتَد عليها، ولم تشهدها قبل ذلك - مثل ما حدث خلال عام ٢٠٢١م، حيث ضرب إعصار شاهين سواحل عُمان على البحر العربي.

باتت هذه الأعاصاير أكثر ضرواة من ذى قبل، فكلما زادت درجة حراره المياه، زاد قوه الإعصار، حيث تسبب إعصار كاترينا مثلاً عام ٢٠٠٥م في مقتل ١٨٣٣ شخصا، فضلاً عن خسائر مادية قدرت بنحو ١٠٨ مليار دولار أميركي، وضرب الإعصار ولاية فلوريدا، وكان من الدرجة الأولى، قبل أن يشتد، ويصبح من الدرجة الخامسة، وألحق أضرارا في ولايات ميسيسبي ولوزيانا، ويعد من أكثر العواصف دموية في تاريخ الولايات المتحدة.[٢٣](شكل ٣)

شكل (٣): آثار الدمار الذي ألحقة إعصار كاترينا بالولايات المتحدة الأمريكية عام ٢٠٠٥م.

أدت أيضاً الاضطرابات التي أخلت بتوازن عناصر المُناخ إلى تغيير خريطة الأمطار، فتحولت الأماكن المشهود لها بغزارة الأمطار إلى أماكن قاحلة تعاني من مظاهر الجفاف الشديد، بينما الأماكن التي كانت تتميز بندرة الأمطار باتت من الأماكن التي أصبحت تجتاحها السيول والفيضانات من جراء الأمطار التي تسقط عليها، فضلا عن أن التوقيتات المعتادة والمتعارف عليها لسقوط الأمطار منذ مئات السنين بات مشكوكاً فيها، فلم يعد بالإمكان توقع سقوط الأمطار

---

[٢٣] سكاي نيوز عربية ٧ أكتوبر ٢٠١٦

فى نهاية فصل الخريف ومع بداية حلول فصل الشتاء، فى حين أن إحتمالات سقوطه مع بداية فصل الربيع كبيرة، حتي إن الإحساس بالمُناخ المعتدل الذى يميز فصلي الخريف والربيع أصبح من الماضى البعيد، حيث أُختزلت فصول السنة الأربع فى فصل الصيف بما يحمله من موجات حارة متكرره ومتتابعة، وفصل الشتاء بما يحمله من بردٌ قارس، يفوق قدرة البشر على تحمله فى أحيان كثيرة.

لا يمكن الجزم بقوة، وبعد ما سبق توضيحه، وفى ظل ما يحدث حالياً من اضطرابات واضحة، وغير مألوفة، وغير متوقعة، فى العناصر الرئيسية المشكلة للمُناخ، بأنها دورات طبيعية تتعاقب على الكرة الأرضية، وتكرر نفسها كل حقبة من الزمن، فما يحدث ليس له منوال واحد يمكن القياس عليه، سواء على ما سبقه، وما قد يلحق به من تغيرات. لذلك بدأت قناعات بعض المنتسبين لفريق المشككين تتغير، عندما لاحظوا أن معظم دول العالم قد بدأت فى التخلي عن أى شكوك حول حقيقة هذه القضية، كما أن كثيراً منها بدأ فى اتباع سياسة اللاندم (No Regret Policy)، والعمل بمبدأ الحيطة (Precautionary Principle)، بل إن معظم دول العالم وقَعت في عام ١٩٩٢م على اتفاقية الأمم المتحدة الإطارية لتغير المُناخ (Framework Convention on Climate Change).

فى ظل تنامي المظاهر المصاحبة للتغيرات المُناخية، وتعاظم تأثيراتها السلبية على كافة مناحي الحياة عاماً بعد عام، بدأت تهتم دول العالم أكثر فأكثر بهذه القضية، وتوليها العناية الكافية، فنظمت الأمم المتحدة مؤتمراً دورياً، سُمي بمؤتمر الأطراف، حيث انعقدت الدورة السادسة والعشرون لهذا المؤتمر فى جلاكسو بالممكلة المتحدة، وسوف تستضيف مصر فاعليات المؤتمر في دورته السابعة والعشرون بمدينة شرم الشيخ مع مطلع شهر نوفمبر ٢٠٢٢، وذلك لمناقشة تلك التداعيات، ومحاولة الاتفاق حول آلية موحدة ومنهج عمل ملزم للجميع لمواجهتها.

بدأ العالم يتجاوز مرحلة التشكيك منذ أن أعدت الأمم المتحدة الاتفاقية الإطارية للتغيرات المُناخية فى عام ١٩٩٢م. وانتهي الأمر بعد أن حسمت الأمم المتحدة هذا الجدل الذي دار على مدار السنين السابقة، ومنذ أن بدأت قضية التغيرات المُناخية تفرض نفسها على الساحة الدولية،

عندما أعلن فريق العلماء التابع لها فى تقريره الاخير بأن التغيرات المُناخية أصبحت **واقعاً لا جدال ولا مراء فيه**، حيث صدر في ٩ آب/أغسطس٢٠٢١م بجنيف تقرير للهيئة الحكومية الدولية المعنية بتغير المُناخ بشأن العلوم الفيزيائية[٢٤]. ويقدم التقرير تقديرات جديدة لاحتمالات تجاوز مستوى الاحترار العالمي البالغ ١,٥ درجة مئوية في العقود المقبلة، ويخلص إلى أنه لا سبيل إلى حد الاحترار العالمي عند ١,٥ درجة مئوية أو حتى درجتين مئويتين بدون تحقيق تخفيضات فورية، وسريعة في انبعاثات غازات الاحتباس الحراري.

ويبينُ التقريرُ أن انبعاثات غازات الاحتباس الحراري الناتجة عن الأنشطة البشرية مسؤولة عن ارتفاع درجة الحرارة منذ الحقبة الزمنية ١٨٥٠ - ١٩٠٠، كما يخلص إلى أنه من المتوقع أن تبلغ درجة الحرارة العالمية ١,٥ درجة مئوية أو أكثر في المتوسط على مدى السنوات العشرين المقبلة. يستند هذا التقييم إلى مجموعات بيانات رصدية محسنة لتقييم الاحترار التاريخي، فضلا عن التقدم المحرز في الفهم العلمي لاستجابة النظام المُناخي لانبعاثات غازات الاحتباس الحراري بشرية المنشأ.

يشير التقرير أيضاً إلى أن تغيرَ المُناخ واسعَ النطاق، وسريعٌ ومكثف، وشاملٌ لكامل النظام المُناخي، ولم يسبق لعديد من هذه التغييرات مثيل في مئات السنين، وإن لم يكن مئات الآلاف من السنين، وبعض تلك التغيرات مثل الارتفاع المستمر في مستوى سطح البحر هي تغيرات لا رجوع فيها لمئات وربما آلاف السنين، أن دور التأثير البشري في النظام المُناخي لا جدال فيه.

كما يُظهر أن الإجراءات البشرية لم تزل لديها القدرة على تحديد المسار المستقبلي للمُناخ، مشيرًا إلى الخفض الكبير، والمتواصل في انبعاثات ثاني أكسيد الكربون وغازات الدفيئة الأخرى للحد من تغير المُناخ، والتي وستحقق فوائد جودة الهواء بسرعة، في حين أن درجات الحرارة العالمية ستستغرق من ٢٠ إلى ٣٠ عامًا لتستقر.

[24] IPCC (2021)

كما تم تلخيص الإجماع العلمي في تقرير التقييم الرابع للفريق الحكومي الدولي المعني بتغير المُناخ، والمسح الجيولوجي الأمريكي، وغيرها من التقارير، والتي تشير جميعها إلى أن النشاط البشري هو السبب الرئيسي لتغير المُناخ، ويمثل حرق الوقود الأحفوري حوالي ٣٠ مليار طن من ثاني أوكسيد الكربون كل عام، وهو ما يعادل ١٣٠ ضعف الكمية التي تنتجها البراكين.

بدأت مجريات الأمور تتغير محليا نحو التأكيد على ترسيخ القناعة بحقيقة قضية التغيرات المُناخية، والاعتراف الضمني بدحض بل رفض كافة الشكوك التي كانت مثاره حولها، والعمل على أساس أنها تمثل مشكلة مُناخية وبيئية خطيرة، وبالفعل بدأت مصر تخطو خطوات جادة، وحقيقية نحو التعامل مع هذه المشكلة، حيث بادرت بإتخاذ حزمة من السياسات والإجراءات على الصعيدين المحلي، والدولي، والتي تمثلت فى الآتي:

- شاركت فى إجتماعات الأطراف المتعاقبة حول التغيرات المُناخية بداية من إجتماع برلين عام ١٩٩٦م، ومرورا بالاجتماع الواحد والعشربن بباريس عام ٢٠١٥م، وكان الهدف الرئيس لاتفاق باريس هو تعزيز الاستجابة العالمية لخطر تغير المُناخ عن طريق الحفاظ على ارتفاع درجات الحرارة العالمية هذا القرن أيضا إلى أقل من درجتين مئويتين فوق مستويات ما قبل الثورة الصناعية، ومواصلة الجهود للحد من ارتفاع درجة الحرارة إلى أبعد من ذلك، إلى ١,٥ درجة مئوية،حيث توصلت الأطراف إلى تسريع وتكثيف الإجراءات، وضخ والاستثمارات اللازمة لتحقيق مستقبل مستدام منخفض الكربون، والعمل المشترك للقيام ببذل جهود طموحة لمكافحة تغير المُناخ، والتكيف مع آثاره، مع تعزيز الدعم لمساعدة البلدان النامية على القيام بذلك. وعلى هذا النحو، فإن هذا الاتفاق يرسم مسارا جديدا في جهود المُناخ العالمي. ويستند اتفاق باريس على الاتفاقية الاطارية للتغيرات المُناخية. كما لم تتخلف مصر عن المشاركة في إجتماع الأطراف فى دورته السادسة والعشرون، المنعقد فى جلاكسو بالممكلة المتحدة كما سبق وآشرت.
- لم تتخلف مصر عن الركب، بل قامت بالوفاء بالتزاماتها المنصوص عليها فى الاتفاقية الإطارية للتغيرات المُناخية، حيث قدمت في ١٩٩٩م تقرير الإبلاغ الوطني الأول إلى

سكرتارية اتفاقية الأمم المتحدة ، متضمنا حصراً لغازات الاحتباس الحراري التي تساهم بها مصر، وسبل الحد منها، والتكيف أو التأقلم مع الظواهر السلبية للمشكلة، وعرضت الاحتياطات القومية المتخذة فى هذا الصدد.

- منذ ذلك التاريخ دأبت مصر على تقديم هذا التقرير والذي يتضمن مدى مساهمة القطاعات التنموية المختلفة فى انبعاثات غازات الاحتباس الحراري، وجرد إجمالي الانبعاثات الخاصة بغازات الاحتباس الحراري، والتي تقدر حاليا ووفق آخر جرد بنسبة ٠,٦٧٪ من إجمالى مساهمات دول العالم مجتمعة. وإستكمالاً لهذه الإلتزامات، تطلب الأمر وضع السياسات التي يجب اتباعها في مجالات الطاقة والزراعة والمصادر المائية والمخلفات وتم إصدار خطة العمل الوطنية للتغيرات المُناخية في أغسطس ١٩٩٩م متضمنة تحديدا دقيقاً لهذه السياسات.
- وقعت مصر على برتوكول كيوتو في مارس١٩٩٩م، والتي تمت صياغته خلال اجتماع الأطراف الثالث باليابان بمدينة كيوتو عام ١٩٩٧م،بغرض فرض التزامات على الدول الصناعية لخفض انبعاثاتها من غازات الاحتباس الحراري، وأُعتبرت سنة ١٩٩٠م هي سنة الأساس ، كما صدقت مصر على بروتوكول كيوتو في يناير ٢٠٠٥م مما يتيح لمصر الاستفادة من مشروعات آلية التنمية النظيفة.
- أنشأت مصر في هذا الإطار اللجنة الوطنية لآلية التنمية النظيفة وتتشكل من ١٥ عضوا يمثلون ١٠ وزارات، علاوة على المنظمات غير الحكومية . وقد تم اعتماد عدد ٢٩ مشروعاً فى مجالات التنمية النظيفة، وصدرت لها خطابات الموافقة النهائية، وبلغ حجم استثمارات تلك المشروعات ١١٠٠ مليون دولار، ومن المتوقع أن تحقق خفضاً فى غازات الاحتباس الحراري يصل إلى ٦ مليون طن مكافئ من ثانى أكسيد الكربون، وتستمر فترة اعتماد تلك المشروعات في إطار الآلية إلى ٢١ سنة، وتغطى المجالات التالية على سبيل المثال:
    - توليد الكهرباء من طاقة الرياح و من المساقط المائية (الزعفرانة/ نجع حمادى/ دمياط)
    - خفض انبعاث أكسيد النيتروز من صناعات الأسمدة (مصنع أبو قير٢) وشركة الكوك.

- تحويل الوقود للغاز الطبيعي بمصانع الأسمنت (شركة طره للاسمنت قبل توقفها عن العمل).
- تجميع وحرق غاز الميثان المتولد بيولوجيا من مدافن المخلفات بالإسكندرية.

- تم إنشاء موقع إلكتروني رسمي لآلية التنمية النظيفة، يشتمل على المعلومات الهامة للمستثمرين والمهتمين ، وزاره منذ إنشاءه حتى عام ٢٠٠٥م أكثر من حوالى ٣٦٠٠ زائر.
- تنظيم وإلقاء محاضرات في حلقات عمل وطنية عن آلية التنمية النظيفة وخطوات التسجيل.
- مشاركة في تنظيم احتفالية مواجهة التغيرات المُناخية مع بعض الجهات الدولية مثل- منظمة السلام الخضر- السفارة الإنجليزية.
- المشاركة في معرض ومنتدى الكربون العالمي بمدينة كولون الألمانية.
- المشاركة في المنتدى العالمي لآلية التنمية النظيفة .
- المشاركة في اجتماعات اللجان الفرعية لاتفاقية التغيرات المُناخية بألمانيا.
- المشاركة في اجتماعات الدول العربية المصدرة للكربون.
- تم إنشاء المجلس الوطني للتغيرات المُناخية والذي يرأسه رئيس مجلس الوزراء، والذي يعتبر المظلة الرئيسية التي تتوحد تحتها كافة الجهود المعنية بهذه القضية.
- تم إطلاق الاستراتجية الوطنية للتغيرات المُناخية ٢٠٥٠ في شهر مايو ٢٠٢٢.

الفصل الثاني

هل الغزو قادم؟

المُناخ هو متوسط قياسات العناصر المشكلة للطقس عادة على مدى فترات طويلة قد تصل إلى ثلاثين عامًا. ينشأ مُناخ الأرض من تفاعل خمسة مكونات رئيسية في النظام المُناخي، وهى الغلاف الجوي، والغلاف المائي، والغلاف الجليدي ، والغلاف الصخري (الطبقة الصخرية العليا للأرض)، والمحيط الحيوي أو الكائنات الحية[٢٥].

يمكن أن يتغير نمط النظام المُناخي بسبب التقلبات الداخلية، والتأثيرات الخارجية، وقد تكون هذه التأثيرات الخارجية طبيعية مثل- الاختلافات في كثافة الطاقة الشمسية، والانفجارات البركانية، أو التأثيرات التي يسببها البشر، حيث يتسبب في تراكم الغازات المسببة للاحتباس الحراري، والتي تنبعث بشكل رئيس عند احتراق الوقود الأحفوري، وتتسبب في الاحترار العالمي. يمكن تضخيم التغيرات من خلال عمليات التغذية المرتدة في مختلف مكونات النظام المُناخي.

شكل رقم (٤): المكونات المُنشئة للمُناخ وتفاعلها مع بعضها

[25] Planton, S. (2013)

تتكون وتتشكل الغازات المسببة للاحتباس الحراري بشكل طبيعي، وهي ضرورية لبقاء البشر والملايين من الكائنات الحية الأخرى على قيد الحياة، عن طريق الحفاظ على جزء من دفء الشمس، وعكسها مرة أخرى إلى الفضاء لتجعل الأرض صالحة للعيش. ولكن بعد أكثر من قرن ونصف من التصنيع ، وإزالة الغابات، والزراعة الواسعة النطاق، ارتفعت تركيزات غازات الدفيئة في الغلاف الجوي إلى مستويات قياسية لم تشهدها منذ ثلاثة ملايين عام. وبينما تنمو الاقتصاديات وتزدهر وترتفع مستويات المعيشة للسكان، فإن مستوى تراكم الانبعاثات الغازية المسببة للاحتباس الحراري (غازات الدفيئة) آخذة في الارتفاع أيضا.

تتكون غازات الدفيئة من حزمة من الغازات الدارجة والمعروفة لدى المهتمين بمجالات العلم المختلفة، وهي غاز ثاني أكسيد الكربون، وغاز الميثان، وغاز ثاني أكسيد النيتروز، فضلاً عن سادس كلوريد الكبريت، والكربون الهالوجيني، والأيروسولات . كما أن هناك جدلاً حول ضم بخار المياه لهذه المجموعة من الغازات المسببة لظاهرة الاحتباس الحراري، حيث تزعم بعض المجموعات أن بخار الماء هو أحد غازات الدفيئة الأكثر أهمية، ولكن يتم استبعاده من العديد من النماذج المُناخية [26].

على الرغم من أن بعض العلماء يعتبرون بخار الماء هو أحد غازات الدفيئة، فإن فترة العمر القصير للغاية لبخار الماء في الغلاف الجوي (حوالي ١٠ أيام) مقارنة بانبعاث غاز ثاني أكسيد الكربون (مئات السنين) تعني أن هذا الغاز هو المحرك الرئيسي لزيادة درجات الحرارة؛ إذ أن بخار الماء يعمل كرد فعل وليس كقوة[٢٧]. تم دمج بخار الماء في النماذج المُناخية منذ نشأتها في أواخر القرن التاسع عشر [28].

بالرغم من أن قدرة باقي الغازات على حجز وامتصاص الأشعة الحرارية لضوء الشمس تفوق قدرة غاز ثاني أكسيد الكربون، إلا أنه عند جرد تركيزات هذه الغازات المنطلقة من الأنشطة

---

[26] Rennie (2009)
[27] Archer, David (2005)
[28] Rennie (2009)

البشرية المختلفة تنسب القيم إلى ثاني أكسيد الكربون المكافئ ($CO_{2\ eq}$)، وذلك لأن هذا الغازَ يمثلُ منفرداً النسبةَ الأكبر فى مجموع هذه الغازات، وهو ما يقدر بـ ٥/٤ مجمل تركيزات الغازات المسببة لظاهرة الاحتباس الحراري فى الغلاف الجوي، أو مايعادل من ٧٧-٨٠٪ من أجمالى تركيزات كافة باقي الغازات.

وتنقسم غازات الاحتباس الحراري إلى غازات طويلة العمر (LLGHGs) وهى التي تبقى فى الغلاف الجوي فترة تتراوح ما بين عقد أو قرن أو أكثر، وهي غازات ثاني أكسيد الكربون (Co_2)، والميثان (CH_4)، وأكاسيد النيتروز (N_2O)، أما باقي الغازات فهي غازات قصيرة العمر[٢٩].

كما سبق وأشرت بأن هذه الغازات موجودة بشكل طبيعي ضمن مكونات الغلاف الجوي، وبنسب طبيعية ومحددة، وتساهم فى إحساسنا بالدفء، لقدرتها على امتصاص الأشعة الحرارية الساقطة مع الأشعة الشمسية ، ولولا وجود هذه الغازات بالتركيزات الطبيعية لكان إحساسنا بحرارة أشعة الشمس أقل مما نحن عليه الآن بحوالي ١٨ -٣٠ درجة مئوية، ففقد زاد القسر الحراري (التأثير الحراري) للغازات طويلة العمر بنسبة ٤٣٪ فى الفترة من ١٩٩٠م وحتى ٢٠١٨م، وقد ساهم غاز ثاني أكسيد الكربون بمفرده بنسبة ٨٠٪ من هذه الزيادة، بينما ساهم غاز الميثان بنسبة ١٧٪ ، أما غاز ثاني أكسيد النيتروز فقد ساهم بنسبة ٦٪ فقط. ولكن ماحدث فعلياً هو الزيادة المفرطة فى تركيزات هذه الغازات منذ عصر الصناعة الأول وحتى يومنا هذا، حيث زادت تركيزات تلك الغازات على النحو التالي وطبقا لتقرير المنظمة العالمية للأرصاد الجوية[٣٠]:

- بلغت تركيزات غاز ثاني أكسيد الكربون ٤٠٧,٨ جزء فى المليون حتى عام ٢٠١٨م ، وزادت بنسبة١٤٧٪ عن تركيزاتها فى عام ١٧٥٠م.

---

[29] IPCC (2007)

[30] https://public.wmo.int (2019)

- بلغت تركيزات غاز الميثان ١٨٥٤ جزء فى المليون حتى عام ٢٠١٨م، وزادت بنسبة ٢٥٩٪ عن تركيزاتها فى عام ١٧٥٠م.
- بلغت تركيزات غاز ثاني أكسيد النيتروز ٢٣٣,١ جزء فى المليون، وزادت بنسبة ١٢٣٪ عن تركيزاتها فى عام ١٧٥٠م.

من المُقدر أن تبلغ الانبعاثات العالمية ذروتها بحلول عام ٢٠٣٠م، إذا تم الحفاظ على سياسات المُناخ الحالية، والمستويات الطموحة للمساهمات المحددة وطنياً، والشكل رقم (٥) يوضح الارتفاع المستمر فى تركيزات غازت الاحتباس الحراري بدأ من عام ١٩٧٥م.

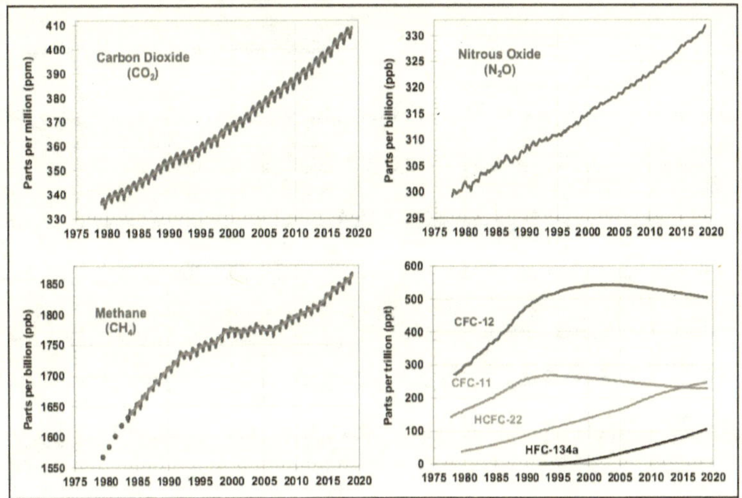

شكل رقم (٥): الارتفاع المستمر فى تركيزات غازات الإحتباس الحراري بدأ من عام ١٩٧٥

سبق وأسلفت إجمالاً قبل ذلك بأن الارتفاعات المفرطة فى تركيزات غازت الاحتباس الحراري ترجع إلى الأنشطة البشرية المختلفة، حيث يساهم حرق الوقود الإحفوري، وقطع الأشجار، والغابات، والتغيّرات، في الغطاء النباتي للأرض فى زيادت تركيزات غاز ثاني أكسيد الكربون، وتتسبب العمليات البيولوجية التي تحدث في البيئة اللاهوائية مثل مزارع الأرز، وصناعة

الأسمدة، ومعالجة المخلفات الصلبة، في زيادة تركيزات غاز الميثان، بينما تتسبب المصادر البيولوجية الطبيعية في التربة وفى المياه وبنسبة ٦٠٪ فى زيادة تركيزات غاز ثاني أكسيد النيتروز،أما باقي النسبة وهي ٤٠٪ فتنتج من الأنشطة البشرية عند إدارة التربة الزراعية، واحتراق الوقود الإحفوري، وإنتاج حمض النيتريك، والمرشحات الصناعية، وحرق الكتلة الحيوية (Biomass)، أما الإيروسولات الكبريتية فتنتج من حرق الوقود الإحفوري (البنزين المحتوى على الكبريت، والفحم الحجري، والزيوت، بينما أيروسولات الكربون الأسود (Soot) فتنتج من اتحاد عوادم حرق الوقود مع عوادم حرق المخلفات، والأيروسولات الأخرى فتنتج من الجزيئات المنبعثة في الجو نتيجة الأنشطة البشرية والبراكين والتي يستخدم فيها الكربون العضوي، وكذالك حرق المخلفات.

تتفاوت قدرة غازات الاحتباس الحراري على امتصاص الأشعة الحرارية من أشعة الشمس من غاز لآخر، ومن ثم تتغير قدرتها على إحداث الاحترار. يقوم غاز الميثان بامتصاص الأشعة تحت الحمراء، وهو ما يساهم في عملية تسخين الغلاف الجوي ٢٣ مرة ضعف ما يسببه غاز ثاني أكسيد الكربون. أما غاز ثاني أكسيد النيتروز له القدرة على امتصاص الحرارة ضعف غاز ثاني أكسيد الكربون ٣١٠ مرة، كذلك غازات سداسى الفلوروكبريت (SF6) له القدرة على اكتساب الحرارة أكثر من غازات ثانى أكسيد الكربون، حيث تفوق قدرتها قدرة غاز ثاني أكسيد الكربون ٢٠٠ ألف مرة ، ولكن نسبتها ضمن مجمل غازات الاحتباس الحراري لا تتجاوز ٠,٣٪[٣١].

تأثير الصوبة الزجاجية

من المعروف أن الأشعة الشمسية تنطلق بنسبة ١٠٠٪ من الشمس باتجاه الكرة الأرضية مروراً بالغلاف الجوي. النسبة الأكبر من هذه الأشعة، والتي تقدر بنسبة ٥٠٪ يمتصها سطح الكرة الأرضية، بينما تنعكس نسبة ٢٠٪ من إجمالى الأشعة الساقطة، وترتد مرة ثانية بواسطة

[31] Ramswamy et al (2001)

السحب ، وتنعكس نسبة ٦٪ من الأشعة الشمسية الساقطة بواسطة الغلاف الجوي نفسه، ونسبة ١٩٪ منها تمتصها السحب والغلاف الجوي، يبقي نسبة ٤٪ من الأشعة الشمسية الساقطة والتي تنعكس وترتد مرة ثانية إلى الغلاف الجوي بعد أن تضرب سطح الكرة الأرضية، والشكل رقم (٦) يوضح توزيع هذه النسب من الأشعة الشمسية منذ أنطلاقها من الشمس وحتي وصولها للأرض.

تمتص غازات الإحتباس الحراري نسبة ٢٪ فقط من هذه النسبة الأخيرة (٤٪)، ويُقدر تأثير هذه النسبة الضئيلة من الأشعة الشمسية الذى تم حبسة بواسطة غازات الاحتباس الحراري بما يعادل حبس الطاقة الحرارية المتولدة عن حرق ما يعادل ٣ مليون طن بترول خام فى الدقيقة.

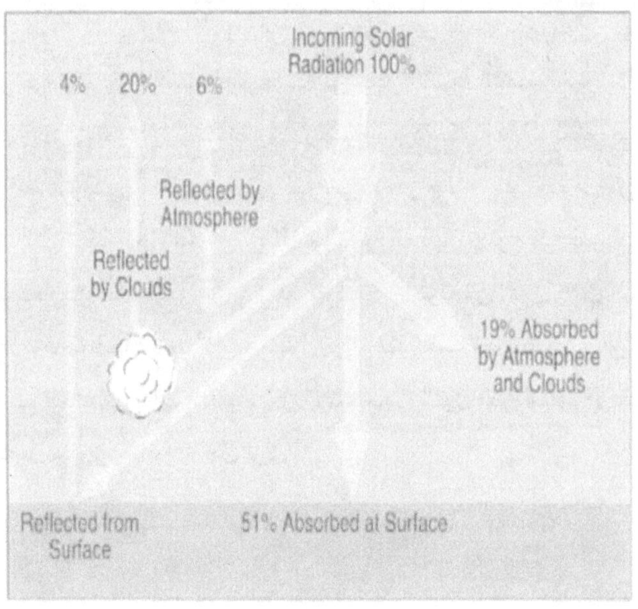

الشكل رقم (٦): الاشعة الشمسية ونسب توزيعها منذ إنطلاقها من الشمس وحتي سقوطها على الارض.

تسمى غازات الاحتباس الحراري بغازات الدفيئة أو غازات الصوبة الزجاجية (GHGs)، وترجع هذه التسمية إلى أن هذه الغازات بتركيزاتها المتزايدة تتشكل على هيئة طبقة بالغلاف الجوي، وتقوم بنفس فعل الصوبة الزجاجية، حيث تسمح بمرور الأشعة الشمسية لسطح الكرة الأرضية، ولا تسمح بارتدادها مرة ثانية إلى الغلاف الجوي، حيث تحجز تلك الغازات الأشعة الحرارية في الجزء السفلي من الغلاف الجوي عن طريق امتصاص الأشعة الطويلة الموجة من أشعة الشمس.

عندما تكون تركيزات غازات الدفيئة طويلة العمر مثل ثاني أكسيد الكربون، تزداد وترتفع درجة الحرارة فى هذا الجزء من الغلاف الجوي الممتد من سطح الكرة الارضية وحتى مستوى هذه الطبقة من الغازات، والشكل رقم (٧) يوضح ذلك، حيث يبين النطاق ذو اللون الأصفر الداكن تجمع الغازات التي تقوم بفعل الصوبة الزجاجية فى حجز الأشعة الشمسية المرتدة إلى الغلاف الجوي مرة ثانية بعد أن تصتدم بسطح الكرة الأرضية. وتزداد كمية بخار الماء أيضًا، بحيث لا يُنظر إلى بخار الماء والسحب على أنه تأثير خارجي، ولكن بدلاً من ذلك تُعامل كردود فعل.
تأتي الانبعاثات التي تسبب تغير المُناخ من كل جزء من العالم، وتؤثر على الجميع، لكن بعض الدول تنتج تلك الغازات أكثر بكثير من غيرها، فتولد ١٠٠ دولة من الدول الأقل انبعاثاً ٣٪ من إجمالي الانبعاثات فقط، فيما تساهم أكبر ١٠ دول من حيث الانبعاثات بنسبة ٦٨ في المائة، لذلك يجب على الجميع اتخاذ إجراءات مُناخية، لكن الأشخاص والدول التي تساهم فى الجزء الأكبر من المشكلة تتحمل مسؤولية أكبر للعمل أولاً.

شكل رقم (٧): ظاهرة الاحتابس الحراري (الصوبة الزجاجية)

بدأت الأبحاث المتعلقة بتأثير غاز ثاني أكسيد الكربون على المُناخ في عام ١٨٢٤م، وذلك عندما خَلُص الفيزيائي الفرنسي جوزيف فورييه إلى وجود «تأثير البيت الزجاجي» أو "كما يطلقون عليها الصوبة الزجاجية" على الغلاف الجوي.

في عام ١٨٦٠م حدد الفيزيائي البريطاني جون تندل مدى تأثير غازات البيت الزجاجي على امتصاص الأشعة تحت الحمراء. في عام ١٨٩٦م برهن العالم السويدي سفانت أرينيوس أن حرق الفحم قد يسبب احتباسًا حراريًا، ليجد غاي ستيوارت كالندار في عام ١٩٣٨م أن ذلك يحدث إلى حدٍ ما بالفعل.

تقدم البحث على نحو سريع بعد عام ١٩٤٠م؛ حيث حذّر العالم الأمريكي روجر ريفال الناس منذ عام ١٩٥٧م من المخاطر الناتجة من حرق الوقود الأحفوري على المُناخ[32].

في عام ١٩٥٩م، أفاد عالم يعمل لدى شركة شِل النفطية في مقال نُشر في مجلة نيو ساينتست، بأن دورات الكربون واسعة جدًا بحيث لا يمكنها أن تخل بتوازن الطبيعة، ومع ذلك وبحلول عام ١٩٦٦م نشرت منظمة معنية بأبحاث صناعة الفحم، وهي شركة أبحاث الفحم القاريّ المحدودة، نتائج مفادها أن إستمرار الإتجاهات السائدة في استهلاك الفحم ستزيد بدورها

[32] Weart (2015a)

درجة حرارة الغلاف الجوي للأرض، فضلًا عن إحداث تغيرات واسعة في مُناخات الأرض، وأن مثل هذه التقلبات في درجة الحرارة من شأنها أن تتسبب في إذابة القمم الجليدية القطبية، والتي سيترتب عليها غمر العديد من المدن الساحلية، بما فيها نيويورك ولندن.[33]«.

في مناقشة تلت هذه الورقة في ذات المنشور، أضاف مهندس الإحتراق في شركة بيبودي للفحم، التي تُسمى الآن "شركة بيبودي للطاقة"، والتي تُعد أكبر مورّد للفحم في العالم، أن صناعة الفحم كانت مجرد كسب للوقت قبل إذاعة قوانين حكومية إضافية تتعلق بتلوث الهواء في إطار المحافظة على نظافة الهواء. على الرغم من ذلك، دأبت صناعة الفحم على مر عقود من الزمن على الدفاع عن القضية التي تنص على أن زيادة غاز ثاني أكسيد الكربون في الجو مفيدة لكوكب الأرض [34]. خلص تقرير جول تشارني لعام ١٩٧٩م إلى أن الاحترار الحقيقي في طريقه للقدوم، وأن سياسة الترقب والانتظار قد تعني الانتظار حتى فوات الأوان[35].

في إطار الاستجابة للزيادة التي طرأت على الوعي العام في ما يتعلق بتأثيرات البيت الزجاجي في سبعينيات القرن الماضي، تراكمت ردود الأفعال المحافظة، متجاهلة بذلك المخاوف البيئية التي قد تؤدي إلى إجراءات حكومية. مع تقلّد رونالد ريغان الرئاسة في عام ١٩٨١م، اندرج الاحترار العالمي تحت قائمة القضايا السياسية، بالتوازي مع وجود خطط فورية تهدف لخفض الإنفاق على الأبحاث البيئية، لا سيما المتعلقة منها بالمُناخ، بالإضافة إلى إيقاف تمويل عمليات رصد غاز ثاني أكسيد الكربون[٣٦]. نصّب ريغان جيمس ب. إدواردز وزيرًا للطاقة، والذي كان قد أدلى بتصريحات تَنُصُ على أن ظاهرة الاحترار العالمي لا تشكل مشكلة حقيقية.

تلقى عضو الكونغرس الأمريكي آل جور تعليمه في عهد العالم روجر ريفال، وكان على دراية بالعلوم المتطورة: انضم إلى باقي الأعضاء في تنظيم جلسات استماع الكونغرس الأمريكي منذ

33 Huffington Post (2019)
34 Huffington Post, (2019)
35 Weart (2015a)
36 Weart (2015a)

عام ١٩٨١م فصاعدًا، مع شهادة من العلماء بمن فيهم ريفال، وستيفن شنايدر، ووالاس بروكر، استطاعت جلسات استماع الكونغرس كسب الاهتمام الكافي من الرأي العام للحد من تخفيضات الإنفاق في ما يتعلق بالبحوث الجوية، ونشأ حوار حزبي سياسي مستقطب. في عام ١٩٨٢م، نشر شيروود ب. إدسو كتابه بعنوان ثاني أكسيد الكربون: عدو أم صديق؟ الذي أشار فيه إلى أن الزيادة في غاز ثاني أكسيد الكربون لن تُسفر عن ارتفاع درجة حرارة الكوكب، إلا أنها سوف تعمل على تخصيب المحاصيل وستكون شيئًا يجب العمل على تحفيزه لا قمعه.

مظاهر المشكلة

وصلت تركيزات غازات الدفيئة إلى أعلى المستويات لها، ومنذ مليوني سنة، وهي مستمرةٌ في الارتفاع، ونتيجةً لذلك ارتفعت درجة حرارة الأرض بنحو ١,١ درجة مئوية عما كانت عليه في القرن التاسع عشر، وكان العقد الماضي هو الأكثر دفئاً على الإطلاق، إلا أن المسار الحالي لانبعاثات غاز ثاني أكسيد الكربون يمكن أن يؤدي إلى زيادة درجة الحرارة العالمية بما يصل إلى ٤,٤ درجة مئوية بحلول نهاية القرن.

تكافح دول العالم الآن لوقف الارتفاع المتصاعد فى درجات الحرارة إلى ١,٥ درجة مئوية، وهذا سيتطلب تغييرات سريعة بعيدة المدى، وغير مسبوقة في جميع جوانب المجتمع، مع فوائد واضحة للناس والنظم البيئية الطبيعية. توصلت الهيئة الحكومية الدولية المعنية بتغير المُناخ في تقريرا خاص عن تأثيرات الاحترار العالمي عام ٢٠١٨م، إلى أنَ الحدَ من ارتفاع درجات الحرارة عند ١,٥ درجة مئوية مقارنة بـ ٢ درجة مئوية يمكن أن يسيرَ جنباً إلى جنب مع ضمان مجتمع أكثر استدامة وعدالة، في حين ركزت التقديرات السابقة على تقدير الأضرار إذا ارتفع متوسط درجات الحرارة بمقدار درجتين مئويتين.

ويخلص التقرير إلى أن الحد من الاحترار العالمي إلى ١,٥ درجة مئوية يتطلب تحولات "سريعة وبعيدة المدى" في الأرض، والطاقة، والصناعة، والمباني، والنقل، والمدن. يجب أن تنخفض الانبعاثات العالمية الصافية الناتجة عن انبعاثات ثاني أكسيد الكربون بنحو ٤٥٪ عن مستويات عام ٢٠١٠م بحلول عام ٢٠٣٠م، لتصل إلى "صافي الصفر" في حوالي عام

٢٠٥٠م، وهذا يعني أنه يجب موازنة أي انبعاثات متبقية عن طريق إزالة ثاني أكسيد الكربون من الهواء.

يعتقد الكثير من الناس أن تغير المُناخ يعني أساساً ارتفاع درجات الحرارة، لكن ارتفاع درجة الحرارة ليس سوى بداية القصة، نظراً لأن كوكب الأرض عبارة عن نظام متكامل، حيث كل الأمور مرتبطة ببعضها، فإن التغييرات في منطقة واحدة يمكن أن تؤثر على التغييرات في جميع المناطق الأخرى. تشمل عواقب تغير المُناخ الآن، من بين أمور أخرى: الجفاف الشديد، وندرة المياه، والحرائق الكبيرة، وذوبان الجليد القطبي، وارتفاع مستويات سطح البحر، والفيضانات، والعواصف الكارثية، وتدهور التنوع البيولوجي.

بحلول عام ٢١٠٠م فى حال التزمت الدول بالحفاظ على ارتفاع درجات الحرارة عند ١,٥ درجة مئوية فقد يؤدى هذه إلى أن يكون ارتفاع مستوى سطح البحر العالمي أقل بمقدار ١٠ سم مقارنة بـ ٢ درجة مئوية. إن احتمال وجود محيط في القطب الشمالي خالٍ من الجليد البحري في الصيف سيكون مرة واحدة في كل قرن مع ارتفاع درجة حرارة الأرض بمقدار ١,٥ درجة مئوية ، مقارنة مع مرة واحدة على الأقل لكل عقد مع ٢ درجة مئوية. فالشعاب المرجانية ستنخفض بنسبة ٧٠-٩٠ في المائة مع ارتفاع درجة حرارة الأرض بمقدار ١,٥ درجة مئوية، في حين أن جميعها (٩٩ في المائة) تقريبا سوف يضيع مع ٢ درجة مئوية[37].

تتعدد وتتنوع المظاهر المصاحبة للتغيرات المُناخية، لذلك يعاني الناس من مظاهر تغير المُناخ بطرق مختلفة. فقد تتعرض بعض البلدان للسيول والفيضانات، وربما الأعاصير المدمرة نتيجة لهطول الأمطار بغزارة، وبشكل مستمر مع هبوب الرياح بشدة، بينما تتعرض بعض البلدان الأخرى لموجات من الجفاف الشديد، نظراً لندرة سقوط الأمطار. ودول أخرى تكون أكثر

[37] المصادر :الهيئة الحكومية الدولية المعنية بتغير المُناخ، المنظمة العالمية للأرصاد الجوية، العمل المُناخي للأمم المتحدة ، البنك الدولي

عرضةً لمظاهر ارتفاع منسوب مياه البحر مثل الدول الجزرية الصغيرة النامية، أو الدول التي لها دلتاوات مثل-دلتا نهر النيل، وقد تتطور بعض الظروف مثل-ارتفاع مستوى سطح البحر ويؤدى ذلك إلى تسرب المياه المالحة إلى الحد الذي قد تضطر معه مجتمعات بأكملها إلى الانتقال، ومن المتوقع في المستقبل أن يرتفع عدد "لاجئي المُناخ."

بات سكان العالم يشهدون مثل هذه المظاهر مجتمعة أو منفردة، بل ويعانون من آثارها السلبية وربما المدمرة. فبعض التأثيرات البيئية، أو الصحية، أو ربما حتى الاقتصادية المترتبة عن هذه المظاهر المصاحبة للتغيرات المُناخية تكون تراكمية وآثارها مؤجلة، أو تبدأ فى الظهور بشكل تدريجي مثل غزو المياه المالحة بالبحار والمحيطات للأجزاء القارية اليابسة نتيجة لارتفاع منسوبها بمعدلات سنوية ولكنها تراكمية. والبعض الأخر تكون تأثيراتها مباشرة ولحظية مثل الموجات الحارة المتكررة، والفيضانات، والسيول، والأعاصير، والدليل على ذلك ماتشهدة بعض الدول من اعاصير مدمرة ، والتي أضحت متزايدة فى عددها، وشدتها، ووتيرة تكرار حدوثها، وفيما يلي أشهر وأحدث عشر أعاصير حدثت فى السنوات الأخيرة.[٣٨]

إعصار « ميدسكين »

ضرب أعصار « ميدسكين » الشرق الأوسط فى عام ٢٠١٩م، ومن أبرز الدول التى تأثرت بهذا الأعصار ؛ كلٌ من شرق مصر، وفلسطين والأردن. حيث وصلت سرعة الرياح لـ ٢٥١ كيلومتر فى الساعة الواحدة، واستطاعت دولُ الشرق الأوسط التعامل مع الإعصار، ولكن غرق الكثير من المنازل، والمحلات فى ذلك الوقت.

إعصار «مانكوت» بالفلبين

يعتبر إعصار« مانكوت » أقوى الأعاصير التى ضربت الفلبين فى ٢٠١٨م، بل يكاد أن يكون أقوى أعصار فى ٢٠١٨م، حيث وصلت سرعة الرياح بالإعصار لـ ٢٠٠ كيلو متر فى

[٣٨] بوابة اخبار اليوم ، ٢١ نوفمبر ٢٠٢٠

الساعة الواحدة، حتى وصلت نحو الصين، وتمَ هدمُ ملايين المنازل، وقد أثر على أكثر من ٤ ملايين شخص بما في ذلك الوفيات، وفقا لما جاء على شبكة بي بي سي.

إعصار «أرما» بـالولايات المتحدة الأمريكية

يعتبر من أخطر الأعاصير التي حدثت بالولايات المتحدة الأمريكية فى عام ٢٠١٧م، حيث تشكلت العواصف المدارية فى شرق المحيط الأطلنطي حتى وصلت للولايات المتحدة الأمريكية ، وقد وصلت سرعة الرياح لـ٢٩٥ كيلو متر فى الساعة، وظل لمدة ٣٧ ساعة متواصلة، ويعتبر أقوى أعصارٍ حل بالعالم فى ٢٠١٧م، وبلغت قيمة الخسائر ٦٤ بليون دولار، ومقتل ١٤٦ شخص.

إعصار «ماثيو» بولاية فلوريدا

حدث الأعصار« ماثيو » عام ٢٠١٦م، وكان أول أعصار يضرب الولايات المتحدة الأمريكية بهذه القوة فى ذلك الوقت، حيث اقتلع الأخضر واليابس، ووصلت سرعة الرياح لـ ١٩٥ كم فى الساعة، وأدت لوفاة ٨٤٢ شخصاً فى مدينة «هايتي» فقط.

إعصار «بتريشيا» بالمكسيك

يعتبر واحداً من أقوى الأعاصير التى حدثت فى عام ٢٠١٥م، حيث وصلت سرعة الرياح لـ ٣٢٥ كيلو متر فى الساعة، وتراجعت مع مرور الوقت لتصل ل ٣٠٥ كيلو متر فى الساعة، و استطاع اعصار «بيتريشيا» أن يحقق الرقم القياسي فى سرعة الرياح وقتها.

إعصار « نيلوفر » ببحر العرب

يعد إعصار «نيلوفر» من أقوى الأعاصير فى عام ٢٠١٤م، حيث وصلت سرعة الرياح وقتها ل ٩٥٠ كيلومتر فى الساعة وظل لمده ٢٤ ساعة، وأكثر الدول تأثراً بهذا الأعصار كانت الهند، وباكستان، وتم تدمير الكثير من المنازل والمدن، ولكن حالات الوفاه كانت لـ ٤ أشخاص فقط.

إعصار « هايان » بالصين والفلبين

يعد إعصار « هايان » الأكثر تدميراً عبر التاريخ ، وأطلق عليه اسم « يولندا » أيضا ، وكان عام ٢٠١٣م،ووصلت سرعة الرياح في ذاك الوقت ٣١٥ كيلومتر فى الساعة، وتسبب فى مقتل

أكثر من ١٤ ألف شخص ، كان من بينهم ١٠ آلاف شخص فى الفلبين فقط ، وتم تشريد فوق المليون شخص بسبب هدم المنازل والمحلات الخاصة بالأفراد، ووصلت الخسائر المادية لـ ٦٨٦ مليون دولار.

إعصار ويلما بالمكسيك و الولايات المتحدة الأمريكية

ضرب إعصار « ويلما » عام ٢٠١٥م كلا من كوبا ، وبعض المدن فى المكسيك، حتى وصل لولاية « فلوريديا » بأمريكا، ووصلت سرعة الرياح ٢٩٥ كيلو متر فى الساعة الواحدة ، ودمرت الكثير من المنازل، واقتلعت الأشجار، وأعمده الإنارة، ووصل عدد القتلى ٦٢ شخصاً، ويعد هذا الإعصار من الدرجة الخامسة.

إعصار «كاترينا» بالولايات المتحدة الأمريكية

تسبب إعصار « كاترينا » بمقتل أكثر من ١٨٣٣ شخصا، ووصلت الخسائر المادية لـ ١٠٨ مليار دولار، وضرب كلا من: ولاية فلوريدا، ولايات الميسيسبي و لوزيانا.

إعصار تيب باليابان

يعد إعصار تيب من أقوى الأعاصير التى ضربت اليابان بعد إعصار « نانسي » الذي كان عام ١٩٦١م، حيث وصلت سرعة الرياح لـ ٣٠٥ كيلومتر فى الساعة ، وهدم الكثير من المنازل، وقتل أكثر من ١٠٠ شخص ، وتوقفت حركة الصناعة، والتجارة بشكل كامل.

باتت تتعرضُ مصر مثلها مثل العديد من دول العالم، لبعض مظاهر التغيرات المُناخية، وبات السكان يعانون من التأثيرات السلبية المصاحبة لهذه المظاهر. لم يعد أحد يتوقع متى ستمطر السماء، وفي أي مكان سينزل هذا المطر؟ ، وهل سيكون قَطراً أم غيثاً منهمراً؟، لم يعد يرتبط المطر بفصل الشتاء كما عهدناه، بل قد تمطر وبغزارة فى فصل الخريف، أو حتى في فصل الربيع.

كما تغيرت خريطةُ المطر بمصر فقد يشح المطر بالمحافظات الشمالية بدلتا النيل، ثم ينزل منهمراً بمحافظات الوجه القبلي بصعيد مصر، ومحافظات البحر الأحمر، إلى أن يسيل أو يفيض ليتجاوز قدرة الأرض على أستيعاب مياهه، ويتحول بذلك من مطر خير ونماء إلى سيول

وفيضانات تدمر فى طريقها كل شيء : الأخضر واليابس، وليس أدل على ذلك مماحدث بمحافظات الصعيد فى شهر فبراير من هذا عام ٢٠٢١م.

لم تعد الناس تشعر بالمُناخ المعتدل نسبياً لفصلي الربيع والخريف مقارنة بمُناخ فصلي الشتاء والصيف، لقد اختفت المظاهر المُناخية لهذين الفصلين رغم وجودهما جغرافياً، وحسابهما فلكياً. فما أن يبدأ فصل الصيف حتى تصاحبه الحرارة القائظة، و تتوالى الموجات الحارة، الموجة تلو الأخرى، بدون فاصل ولو لأيام قليلة ، وباتت ترتفع درجات الحرارة فى بعض الموجات لتصل إلى ٥٠ درجة مئوية عند ذروتها، وهذا الارتفاع الشديد لايطيقه الناس بالطبع، ولم يكونوا يعتادون عليه فى السنوات السابقة.

لم يعد يخلوا بيتٌ من بيوت الطبقة المتوسطة من أجهزة التكيف، وليس طبقة الأغنياء أو الأثرياء فقط ، حيث لم تعد تجدي وسائل التبريد التقليدية نفعاً مع هذه الموجات الحارة (المراوح بإختلاف أنواعها وقدرتها)، وما يصاحبها من ارتفاعات ملحوظة فى نسب الرطوبة.

بات الناس يكرهون هذا الفصل ويمقتون مجرد ذكر اسمه بعدما كانوا ينتظرون قدومه بفارغ الصبر، حيث يحلو السهر والسفر والترحال، وما أن ينتهى هذا الفصل بمشاكله حتى يدخل علينا فصل الشتاء فجأة، وبدون تمهيد بقدومه، حيث تبدأ موجات البرد والصقيع تتوالى تترا، وما يثير التعجب والاستغراب أن هذه الموجات تأتي بدون مطر، فترتعد فرائس الناس من الزمهرير، دون أن تقطر السماء قطرة واحدة.

ما يحدث الآن من اضطرابات فى العناصر المُشكلة للمُناخ، ورغم قسوتها، وربما ضراوتها، إلا أنه ليس أمام الناس خيار سوى التكيف معها، والتأقلم مع مظاهرها، بإستخدام الوسائل المتاحة أو حتى إبتكار وسائل، وحلول جديدة، والتخفيف من آثارها قدر المستطاع. بالرغم من أن بعض هذه المظاهر السابقة والمصاحبة للتغيرات المُناخية ورغم قسوتها إلا أنها قد لا تشكل تهديداً وجودياً للسكان، أو تزعزع استقرارهم فى المناطق التي يعيشون عليها، أو يسكنون فيها.

فبينما يحدث هذا، مازال هناك خطر آخر وشيك يكاد يداهمنا، وسيؤرق مضاجع واستقرار وأمن الملايين، وهذا على أضعف السيناريوهات وأقلها تشاؤماً، ومع أكثرها تشاؤماً سيهدد حياتهم

وربما يقضي على بعضهم بشكل نهائي. هذا الخطر الوجودي الوشيك والذي يعتبر ضمن مظاهر التغيرات المُناخية الحداثة الآن أيضاً، هو تقدم مياه البحر فى إتجاه اليابسة بمعدلات محسوسة ومحسوبة، وهذا التقدم بدأ منذ سنوات عديدة وليس وليد اللحظة، بل تم رصده منذ سنوات طبقاً لمقاييس المد والجذر، من قبل هيئات الأرصاد الجوية، والمؤسسات العلمية المتخصصة فى دراسات التغيرات المُناخية.

أثبت العالم بيرازالي عام١٩٨٦م [٣٩] أن مستوى المياه فى البحر المتوسط ترتفع بمعدل يصل إلى ١,٤مم/ سنة ، ثم عاد فى عام١٩٨٩م لُيحدث هذه المعدل ليصبح ١,٥مم/سنة ، بينما أثبت العالم شرف الدين عام ١٩٨٩م [٤٠]بأن منسوب مياه البحر المتوسط يرتفع بمعدل قدرة ١,٦٣ مم/سنة، ثم عاد العالمان ورني وستالني عام ١٩٩٣م[٤١] ليثبتوا بأن معدل ارتفاع منسوب مياه البحر يقدر بـ ١,٤مم/سنة.

فى عام ٢٠٠٩م بَيَنَ كل من [42] Calafat FM, Gomis D. (2009) بأنه نتيجة لذوبان الغطاء الجليدى ارتفع مستوى سطح البحر المتوسط بمعدل ٠,٧ مم/سنة، فى الفترة بين عامي ١٩٤٥م و٢٠٠٠م، بينما أكد Meyssignac B, (2010) وأخرون[٤٣] فى عام ٢٠١٠م بأنه فى الفترة بين عامي ١٩٧٠م و٢٠٠٦م إرتفع مستوى سطح البحر بمعدل ١,١مم/سنة. أكد العالم Tsimplis M.N., (2013) وأخرون[٤٤] فى عام ٢٠١٣م بأنه يوجد زيادة حادة خلال العقدين الماضيين حيث وصل معدل ارتفاع مستوى سطح البحر ٣مم/سنة.

كما أفاد إشليوسنر وآخرون (Schleussner CF,2016) [٤٥] فى عام ٢٠١٦م بأنه ومع التصارع فى معدلات فقد الغطاء الجليدى فى جرين لاند والقارة القضبية انتاركتك

---

39 Pirrazali, (1986)

٤٠ شرف الدين عام (١٩٨٩)

41 Worny and Stanlly, (1993)
42 Calafat FM, Gomis D, (2009)
43 Meyssignac B, (2010)
44 Tsimplis MN, (2013)
45 Schleussner CF,2016

(Antarctic) فسوف يؤدى ذلك بالطبع إلى حدوث ارتفاع فى مستوى سطح البحر، خاصة فى حال وصلت درجة الحرارة إلى ١,٥ درجة مئوية. حديثاً أكد مانفريد[46] (Manfred A. Lange ,2020) على أن معدل ارتفاع منسوب مياه البحر يقدر بـ ٣ سم خلال العقد (١٠ سنوات)، وهذا المعدل يسببُ مخاطرَ معقولهِ على الأراضي المنخفضة بالمناطق الساحلية، وأنه بالرغم من عدم اليقين فى التوقعات المستقبلية ،إلا أن التوقعات تتحدث عن ارتفاعات فى مستوى سطح البحر قد تتراوح بين ٥٢ سم إلى ١٩٠ سم بحلول عام ٢١٠٠م، وهذا يعتمد بالطبع على دقة طريقة القياس المستخدمة.

هذا يعني بأن أجزاء كبيرة من دلتا النيل خاصة الأجزاء الشمالية قد تغزوها المياه وربما تغمرها، حيث إن أعلى منسوب طبوغرافي بدلتا النيل يوجد عند ١٨متراً أعلى من منسوب سطح البحر، وذلك عند مدينة القاهرة، وتقع بعض الأراضي بالأجزاء الشمالية للدلتا عند منسوباً أقل من مستوى ماء البحر، كما هي الحال في بحيرة مريوط التي تقل عن مستوى البحر بثلاثة أمتار.

تتركز أكثر مناطق مصر المهددة بالإجتياح المباشر بمياه البحر فى الدلتا، وغالبية أجزائها الشمالية،حيث لا يتجاوز ارتفاعها صفراً عن منسوب سطح البحر، ومن ثم فسواحل الدلتا عرضة للتأثر بأي ارتفاع فى منسوب سطح البحر، سواء أكان هذا الارتفاع محلياً أم عالمياً .

أثبتت دراسة حديثة تم إجراءها عن المنطقة الساحلية غرب مدينة جمصة حتى حدود مدينة برج البرلس، بأن المياه المالحة باتت تتغلغل أكثر فأكثر فى التربة التحتية مما أثر بشكل واضح على ارتفاع منسوب المياه التحت سطحية (sub-ground water) بشكل جعلها تمثل مشكلة بيئية حقيقية، حيث لا يتجاوز عمق المياه تحت السطحية ١٠ سم من سطح الأرض فى بعض المناطق التى تبعد عن خط الشاطئ بمسافة تتجاوز ٣كم جنوبا[47]، والشكل رقم (٨) يوضح تضاريس المناطق الشمالية لدلتا النيل، والأماكن الأكثر تهديدا والمشمولة بالحماية.

[46] Manfred A. Lange ,2020

[47] Rakha and Abdel Raouf,(2007).

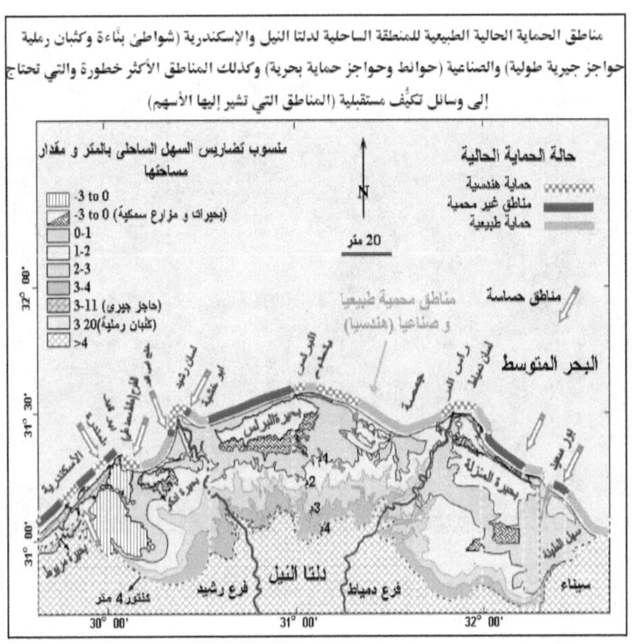

المصدر: تقرير جهاز شئون البيئة حول استراتجية التكيف مع التغيرات المُناخية

شكل رقم (٨): الأماكن الأكثر تهديدا بغزو مياه البحر والمشمولة بالحماية

وأياً ما كانت معدلات ارتفاع مستوى سطح البحر المتوسط، فإنه هناك عوامل طبيعية آخرى تحدث وربما يغفله الكثيرون باستثناء المتخصصين فى علم الجيولوجيا مثل: هبوط الدلتا، يُعجل هذا العامل بغزو مياه البحر حتى مع ثبات معدلات ارتفاع منسوبه. قدر العلماء معدل هذا الهبوط بـ ١,٥ مم/سنة، ويأتي ذلك نتيجة لزيادة الحمل الرسوبي مما أدى إلى تضاغط ما يسمى بطبقة الخث[٤٨] (peat layer) (شكل ٩) مع مرور الوقت ونتيجة لزيادة حمل الرسوبيات التي يعلوها.

---

[٤٨] الخث هو تراكم المواد العضوية (مثل النباتات أو الطحالب) التي تكونت على الفور، ولم يتم نقلها بعد تكوينها. عندما يكون مستوى الماء مستقرًا بالقرب من سطح الخث ، فإن بقايا النباتات والطحالب الميتة لا تتحلل بالكامل بسبب عدم

شكل رقم (٩): طبقة الخث (Peat layer)

من العوامل الطبيعية الأخرى التي تساهم في ارتفاع مستوي مياه البحار وهو انخفاض كثافة مياهه وإزدياد حجمها بفعل التمدد الحراري، إذ يؤدي ارتفاع درجة الحرارة إلي استيعاب مياه البحار لمزيد من درجات الحرارة، وبالتالي تتمدد الكتلة المائية وتتوسع مياه البحار والمحيطات؛ مما يزيد من منسوب المياه بها.[٤٩]

تأتي الأنشطة البشرية الأخرى لتساهم بشكل أو بأخر فى انخفاض المستوى الطبوغرافي للدلتا، مثل السحب المستمر من أبار المياه والغاز الطبيعي، حيث تتضاغط الفراغات والمسام الصخرية التي كانت تشغلها جزيئات المياه أو الغاز نتيجة لتكرار السحب منها، ونضوبها مع الوقت، وهذا

وجود الأكسجين ، وبالتالي تتراكم طبقة من المواد العضوية بمرور الوقت، حيث يتجاوز ترسب القمامة التحلل اللاهوائي ، يجب ألا تقل سماكة هذه الطبقة عن ٣٠ سم حتى يتم تصنيف التربة على أنها خث.

[٤٩] سيد فتحي احمد الخولي (٢٠١٢)

التضاغط يؤدي حتماً إلى انخفاض فى المناطق الساحلية بدلتا النيل بنفس قدر التضاغط الحادث، وكأنه بذلك يضاف إلى معدلات الارتفاع في منسوب سطح البحر فيضاعفة تقريباً.

تتدخل الأنشطة البشرية الخاطئة الأخرى ، وغير المحسوبة، والتي لا تحتكم إلى العلم، ولا تعتمد على التخطيط المسبق، فتزيد من حجم وخطورة المشكلة، بل ربما تعجل بحدوثها، فإذا كانت التوقعات المستقبلية تؤشر على أن مستوى سطح البحر سيرتفع إلى أن يصل إلى ١,٥ متر مع حلول عام ٢١٠٠م، فإن الممارسات البشرية غير الواعية لخطورة هذه المشكلة سوف تساهم فى تضاءل الفارق المتوقع بين مستوى سطح المياه بالبحر الموسط، ومستوى اليابسة بالمناطق الساحلية لدلتا النيل، حيث باتت مساحات الأراضي المنخفضة التي تغمرها المياه المالحة بالفعل ومنذ سنوات مرشحة للزيادة يوماً بعد يوم، ولم تعد قاصرة على الأجزاء الشمالية المتاخمة لخط الشاطئ فقط، بل راحت تمتد إلى الجنوب وعلى بعد كيلومترات من الطريق الدولي الساحلي، وهناك شواهد عديدة تؤكد ذلك يمكن لأى متجول أو باحث عن الحقيقة أن يراها رؤيا العين ابتدءً من مدينة بورسعيد شرقاً مروراً بمدينة دمياط الجديدة بمحافظة دمياط، وغرب مدينة جمصة بمحافظة الدقهلية، ومرواً بالسواحل الشمالية لمحافظة كفر الشيخ بمركز بلطيم وسيدى سالم ومطوبس وحتى حدود محافظة البحيرة.

تعتبر عمليات إزالة تجمعات الكثبان الرملية الطبيعية بمعرفة السلطات المحلية، وفى بعض الأحيان مهربي الرمال، والذين يعملون على مرأى ومسمع من السلطات المحلية أيضاً، تعتبر هي أخطر هذه الممارسات الخاطئة من وجهة نظري، حيث تكونت هذه الكثبان على مر آلاف بل ربما ملايين السنين بشكل طبيعي، نتيجة لعمليات الترسيب، وتشكلت بفعل الرياح، لتكون تجمعات هذه الكثبان جواجز طبيعة تحمي بعض أجزاء الدلتا الشمالية من تقدم وربما غزو مياه البحر. يتم إزالة هذه الكثبان بغرض بيعها فى مزادات علنية، لإضافة موارد جديدة لموازنة تلك الجهات، أو بهدف بيعها واستخدامها ضمن مكونات صناعة الطوب الطفلي ، وفى أحيانٍ أخرى بهدف تمهيد الأرض، وتسويتها لشق بعض الطرق، أو لإقامة بعض المشروعات، خاصة مشروعات الإسكان.

أكدت ايضا الدراسة التى أعدها كل من (Rakha and Abdel Raouf/2007) بتلك المنطقة على انتشار البرك والمستنقعات المالحة التى تكونت حديثا فى نفس الأماكن التي أُزيلت منها الكثبان الرملية ، حيث تمثل المناطق التى يقل منسوبها عن ١متر حوالى ٣٧٪ من إجمالى المساحة المشكلة لمنطقة الدراسة،كما أثبتت نتائج التحليل الهيدروكيميائي التى تضمنتها الدراسة لعينات من تلك المياه سواء المتجمعة بالبرك، أوالمستنقعات، أو المأخوذه من الحفر الضحلة، أثبتت أن تركيزات الأملاح الكلية الذائبة تقترب من تركيزات الأملاح بمياه البحر المتوسط (تقدر ب ٣٠٠٠٠-٤٠٠٠٠ جزء بالمليون)، وتتجاوزها في بعض الأحيان، نتيجة لعمليات البخر فى تلك البركن وتركز الأملاح بها، فضلاً عن أن الأملاح السائدة هى كلوريد الصوديوم، مما يؤكد على أن أصل هذه المياه هى مياه بحرية، نتيجة تداخلها مع اليابسة[٥٠].

بالرغم من أن المناطق الشمالية لدلتا النيل تعتبر مناطق هشة وذات حساسية بيئية عالية ، إلا أنه فى أحيان كثير لا تخضع تلك المشروعات التنموية المقامة عليها لأي دراسات جدوى بيئية، أو حتى دراسات جيولوجية سابقة على إقامتها، وهذا بالطبع ما يزيد الطين بلة، ويُعظم من التأثيرات السلبية التي تظهر مع بداية تشغيل تلك المشروعات، ناهيكم عن الإدارة السيئة لها،فبدلاً من أن يتم وضع مخطط تنموي مناسب لطبيعة تلك المناطق لتحقيق الاستفادة القصوى منها، ويُأخذ فى الحسبان نوعية، وحجم المخاطر التي تتهددها، مع ترك مناطق عازلة مناسبة تفصل بين مستوى المياه وبداية المناطق المراد التنمية بها، بدلاً من أن يحدث هذا، فإذ بالواقع يؤكد على أن النقيض هو ما يحدث تماماً، فكل المشروعات التنموية الكبرى التي تم إنشاؤها بالمناطق الساحلية لدلتا النيل، سواء كانت موانئ أو مدن سكنية، أو مشروعات استصلاح أراضي، لم تخضع لأي دراسات سابقة، سواء كانت هذه الدراسات لتقويم التأثير البيئي المحتمل، أو حتي دراسات جيوتقنية، وجيولوجية لتجنب المخاطر الإنشائية، وإيجاد الحلول الهندسية المناسبة لها، وضمان مقومات إستدامتها، هذا بالطبع بالإضافة إلى دراسة الجدوى الاقتصادية.

---

[50] Rakha and Abdel Raouf, (2007).

أصبح جلياً، وواضحاً، تضائل الشكوك حول حقيقة التغيرات المُناخية، وفى المظاهر المصاحبة لها، وفى الآثار السلبية المترتبة عليها بعد ما تم عرضه من أسانيد منطقية، وأدلة وبراهين علمية، مدعومة بنتائج الأبحاث، ومؤشرات الرصد، والقياس لعشرات السنين، فضلاً عن التوقعات المستقبلية للعلماء المتخصصين بناءعلى نتائج تحليل البيانات التاريخية للأرصاد.

ويظل ارتفاع منسوب المياه فى البحار والمحيطات، وتقدم المياه على حساب اليابسة بمعدلات ملحوظة وملموسة في مقدمة هذه المظاهر، ولم يعد خافياً على أحد بأن الغزو الأزرق لمياه البحر المتوسط لدلتا النيل قادم لا محالة، وفى ضوء المؤشرات الحالية التي تفيد بأن دول العالم مازالت مترددة بشأن اتخاذ إجراءات، وتدابير حاسمة، وجادة، لخفض الارتفاع فى درجات حرارة الكوكب (ظاهرة الاحتباس الحراري) إلى ما دون ٢ درجة مئوية ، أو حتى الثبات عند زيادة وقدرها ١,٥ درجة مئوية.

الفصل الثالث

تداعيات

أصبح تغير المُناخ من القضايا الملحة في عصرنا الحالي، والبشرية الآن أمام لحظة فارقة، فالآثار العالمية لتغير المُناخ واسعة النطاق، ولم يسبق لها مثيل من حيث حجم التأثير والدمار، والتي تبدأ بتغير أنماط الطقس، التي تؤثر على صحة وسلامة الناس، وتهدد الإنتاج الغذائي، وتنتهي بارتفاع منسوب مياه البحار والمحيطات، التي تزيد من خطر الفيضانات الكارثية، وتدني نوعية الموارد المائية العذبة، أو فناء بعض الجزر، والمدن الساحلية، فضلاً عن التداعيات الأخرى على الأوضاع الاقتصادية والاجتماعية .

إن التكيف مع هذه التأثيرات، أو التخفيف من أثارها سيكون أكثر صعوبة، وكلفتها ستكون مرتفعة في المستقبل القريب ، إذا لم يتم اتخاذ إجراءات جزرية الآن، وقبل فوات الأوان، لذا وجب تناول هذه التداعيات المختلفة بالشرح والتفصيل، لتوضيح أوجه الخطورة التي يمكن من خلالها وضع تدابير العلاج حتى وإن بدت قاسية أو مكلفة.

التأثيرعلى الموارد المائية

ستؤدى زيادة معدلات، ووتيرة الموجات الحارة المصاحبة لمظاهر التغيرات المُناخية إلى زيادة الضغط على مصادر المياه، وزيادة معدلات الاستهلاك، ومن ثم زيادة الطلب خاصة في الزراعة، حيث إن ارتفاع درجات الحرارة ستؤدى حتماً إلى زيادة البخر، ومن ثم زيادة فقد المياه، كما أن كميات المياه العذبة بالمجارى السطحية سواء بنهر النيل أو فرعية (دمياط ورشيد)، أو التفريعات الأخرى من الترع، والرياحات، والجنبيات، ستتأثر أيضاً نتيجة لعلميات البخر المستمرة، ويضيع جزء معقول من الحصة الثابتة التى تصل إليهما من منابع النيل دون أن يتم الاستفادة منها.

ستتغير جودة المياه العذبة سواء بالمجارى السطحية، أو الخزانات الجوفية، بطريقة مباشرة نتيجة تداخل المياه المالحة خاصة فى الأجزاء الشمالية لدلتا النيل، وكما هو حادث الآن بفرع دمياط، حيث تداخلت مياه البحر المالحة حتى مسافة وصلت لأكثر من ١٥ كيلومتر جنوباً،

خاصة بعد إقامة سد فراسكور، وتحويل جزء من مياه نهر النيل والذي كان يُلقى سابقاً في البحر المتوسط إلى ترعة السلام.

تغلغلت المياه المالحة أيضا لتصل إلى الخزان الجوفي الموجود بالطبقات الرملية لمكون ميت غمر (Mit-Ghamr Formation) بالمناطق الشمالية للدلتا، وذلك مع استمرار السحب من هذا الخزان دون تعويض يذكر، حيث إنه من المعروف بأن المياه المالحة أكثر كثافة من المياه العذبة، فتحل محل مايتم سحبه، ما لم يتم التعويض. قد تصل مياه الخزان الجوفية المالحة لمياه نهر النيل أيضا، حيث إن هناك اتصالاً مباشراً بين مياه نهر النيل ومياه الخزان الجوفي ويتم تغذية بعضهم طبقا لمستوى ومنسوب المياه بكل منهما خاصة فى المستويات القريبة من مجرى نهر النيل، نتيجة لوجود بعض التراكيب الجيولوجية التي تسمح بذلك.

المتغير الآخر الذى قد يصاحب التغيرات المُناخية وهو تغيير كميات المياه التي تصل إلى نهر النيل من المنابع المختلفة (النيل الأزرق، والنيل الأبيض، وبحيرة فكتوريا)، حيث تسقط مياه الأمطار على تلك المنابع على مدار العام، ويتم تغذية نهر النيل بالمياه العذبة، وتصل مياه الأمطار لذروتها خلال الفترة من منتصف شهر يونيو حتى نهاية أكتوبر، والتي تصل إلى أكثر من ٧٠٠ مليون متر مكعب/يوم خلال شهر سبتمبر، وكما هو موضح بالشكل رقم (١٠)

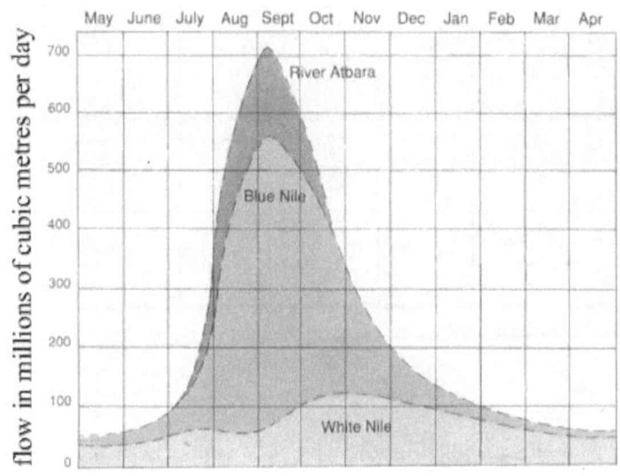

الشكل رقم (١٠): معدل تدفقات المياه من منابع النيل على مدار العام

وقد يحدث هذا التغيير نتيجة لتغيير خريطة الأمطار كما سبق وأشرنا فى المظاهر المصاحبة للتغيرات المُناخية، ومن ثم فقد تقل أو تزيد معدلات سقوط الأمطار على منابع نهر النيل، وستقل بالتبعية الكميات المتدفقة إليه عبر هذه الروافد، والجدول رقم (١) يبين السيناريوهات المتوقعة لنسب التغيرات المصاحبة فى تدفقات مياه نهر النيل (%)، فى حال تغيرت معدلات سقوط الأمطار بنسب مختلفة أيضاً وسواء بالزيادة أو النقصان.

الأحواض المغذية لنهر النيل	**التغير فى معدلات سقوط الأمطار (%)**					
	٥٠-	٢٥-	١٠-	١٠+	٢٥+	٥٠+
	التغيرات المصاحبة فى تدفقات مياه نهر النيل (%)					
عطبرة	٩٣-	٦٠-	٢٤-	٢٤+	٨٤+	١٨٧+
النيل الأزرق (دايم)	٩٢-	٦٢-	٢٤-	٣٢+	٧٨+	١٦٥+
النيل الأزرق (الخرطوم)	٩٨-	٧٧-	٣١-	٣٦+	٨٩+	١٤٩+
بحيرة فكتوريا	٢٠-	١١-	٤-	٦+	١٤+	٣٣+
النيل الأبيض (ملكال)	٤١-	٢٨-	١١-	١٩+	٤٨+	٦٣+
المجرى الأساسى (دنجولاه)	٨٥-	٦٣-	٢٥-	٣٠+	٧٤+	١٣٠+

المصدر: Sayed, M.A.A., 2004. Impacts of climate change on the Nile Flows, Ain Shams University, Cairo, Egypt.

في عام ٢٠٠٤ تم تصميم نموذج رياضى، لمحاكاة تأثير التغيرات المُناخية على تشغيل السد العالي، وحجم إيرادات المياه الواردة لنهر النيل، وقد تم استخدام سيناريوهين لعام ٢٠٣٠م وهما السيناريو المتفائل، والذى نتج عنه زيادة فى إيرادات المياه بمقدرا ٣٢٪ ، والآخر وهو السيناريو

المتشائم، والذى نتج عنه عجز فى إيرادات مياه نهر النيل بمقدار ١٤٪ . اعتمدت السيناريوهات على أربع نماذج للتدوير الكوني (Global Circulation Models (GCMs) ، وقد أُستخدمت بيانات تغيرات إيجابية وأخرى سلبية فى تصرفات دنقلة كحصيلة لسلسلة تغيرات تعاقبية طبيعية حدثت فى الفترة من ١٨٧١-٢٠٠٢م. استخدم أيضاً نموذج السد العالى لحساب التغير في مناسيب بحيرة ناصر، والمنصرف إلى منخفض توشكي، على أساس المقارنة. والجدول رقم (٢) يوضح الإحتمالات المختلفة في مناسيب بحيرة نصر طبقاً للسيناريوهات المختلفة.

المنسوب بالمتر	السيناريو الأساسي	السيناريو المتفائل	السيناريو المتشائم
أصغر من ١٤٧	٠,٠٠	٠,٠٠	٠,٦٤
١٤٨-١٥٠	٠,٩٦	٠,٠٠	١٢,٥٠
١٥١-١٥٥	٠,٧٧	٠,٠٠	١٥,٩٠
١٥٦-١٦٠	٢,٤٤	٠,٠٠	١٩,٧٤
١٦١-١٦٥	٥,٦٤	٠,٠٠	١٦,٥٤
١٦٦-١٧٠	١٤,٢٣	٠,٨٥	١١,٤١
١٧١-١٧٥	٢٦,٩٢	٤,١٠	٧,٩٥
١٧٦-١٨٠	٤٠,٤٥	٥٦,٠٣	١٣,٥٣
١٨١-١٨٢	٧,٦٣	٢٥,٩٦	١,٧٩
١٨٢-١٨٣	٠,٩٦	٦,٦٠	٠,٠٠
أكبر من ١٨٣	٠,٠٠	٦,٧٣	٠,٠٠

المصدر : وزارة الموارد المائية والري ٢٠٠٨

التأثير على الزراعة ومصادر الغذاء

منطقة البحر الأبيض المتوسط وشمال أفريقيا هي من بين أكثر المناطق عرضة لتأثير تغير المُناخ، ومع ارتفاع درجات الحرارة في الصيف، وتضاؤل هطول الأمطار، والزيادة البالغة

في درجات الحرارة تصبح الأزمة أكثر وضوحا، وفقا لما خلص إليه تقرير صادر عن الهيئة الحكومية الدولية المعنية بتغير المُناخ.

ترجع أهمية قطاع الزراعة في مصر إلى قدرته على استيعاب حوالي ٥٥٪ من القوة البشرية العاملة، وهو القطاع الذي يستهلك حوالي ٨٠٪ من إجمالي الموارد المائية، ويساهم بحوالي ١٤٪ من إجمالي الدخل القومي. وتعتبر الزراعة المصرية ذات حساسية خاصة للتغيرات المُناخية، حيث تقع البلاد في بيئة قاحلة، وهشة، تعتمد أساسا على مياه نهر النيل، وهي مُعرَّضة لتأثير التغيرات المُناخية المتوقعة.

تنقسم الأراضى الزراعية إلى أراضي درجة أولى، وثانية، وثالثة، ورابعة، ويعتبر عامل الملوحة، وارتفاع مستوى الماء الأرضي هو الأساس في تحديد مدى كفاءة التربة. سوف تؤدى التغيرات المُناخية إلى تملح الأراضي في الدلتا، وغرق مساحات من الأراضي الزراعيه شمال الدلتا، مع تناقص الأمطار، و نقص الزراعات المطرية، وتناقص مياه الخزان الجوفي، مِما يُهَددُ الزراعات الصحراوية.

كما ستؤدي التغيرات المُناخية إلى نقص إنتاجية بعض المحاصيل وتغيُّر في النطاقات الزراعية، كذلك سوف تؤدي إلى انتشار الأمراض النباتية الفطرية، بالإضافة إلى التأثير السلبي على الأراضي الزراعية بالدلتا، خاصة في المناطق الشمالية المتاخمة لساحل البحر المتوسط.[٥١].

ويمكن إيجاز تأثير ارتفاع درجات الحرارة المتسببة في مظاهر التغيرات المُناخية على قطاع الزراعة في النقاط التالية:

- فقدان مساحات من الأراضي الزراعية.
- تغير موعد زراعة المحاصيل وطول مواسم النمو.
- تغير التركيبات المحصولية.
- تغير إحتياجات الري واستخدام المبيدات.

---

[٥١] أيمن فريد أبوحديد (٢٠١٨)

- تأثيرات علي الزراعات المطرية.
- زيادة الضغوط على مصادر المياه.
- تغير معدلات وحدة تآكل التربة وتدهور خصوبتها.
- تزايد حدة إصابة المحاصيل بالآفات والأمراض النباتية المختلفة.
- تغير حجم وأنماط الإنتاج الحيواني.

يرتبط الناتج المحلي من الحاصلات الزراعية ارتباطاً وثيقاً بالمساحات المنزرعة وكميات ونوعية المياه المستخدمة في الري، وقد يضاف إليها التكنولوجيات المتخصصة فى مجال الزراعة. لذلك فإن أى تغيير فى عنصر من هذه العناصر السابقة سيؤدي حتماً إلى التغيير فى الناتج المحلي من الحاصلات الزراعية، ومن ثم مصادر الغذاء الأساسية. فإذا ما تتبعنا الأسباب المرتبطة بمظاهر التغيرات المُناخية والتي قد تؤثر على المساحات المنزرعة فسنجد أن أولى هذه الأسباب يرجع إلى ارتفاع منسوب مياه البحر، والتي تؤثر على مساحات الأراضي الزراعية، أو حتى المستصلحة، أو المخطط لاستصلاحها وزراعتها، نتيجة لانخفاض منسوبها الطبوغرافي إلى ما دون المعدلات المتوقعة فى ارتفاع فى مستوى مياه البحر، وسواء كان هذا التأثير مباشرة نتيجة لغمر المياه المالحة لبعض المساحات، وتحويلها إلى أراض رطبة (برك أومستنقعات)، أو بطريقة غير مباشرة نتيجة لتغلغل المياه المالحة، وتملح التربة فى مستوى تمدد جذور النباتات، فتذبل ثم تموت، ويهجرها مُلاكُها، أو يَستغلونها في أنشطة أخرى كالاستزراع السمكي مثلاً.

أثبتت نماذج الارتفاعات الرقمية (DEM) أن زيادة منسوب مياه البحر بمقدار مترٍ واحد ستؤثر في نحو ١٢,٥% من جملة المساحة المزروعة في مصر، ومن ثم نقص في إنتاجية المحاصيل الزراعية، ومصادر الغذاء بنسبة قد تصل لـ ٥٠٪ على مستوى العالم[٥٢].

[٥٢] موقع وزارة البيئة المصرية (٢٠٢١)

هناك تأثيرات مباشرة لمظاهر التغيرات المُناخية على إنتاجية الحاصلات الزراعية ، ألا وهي التأثيرات السلبية نتيجة لتغير معدلات وأوقات الموجات الحارة. فقد لوحظ فى السنوات الأخيرة تكرار الموجات الحارة التي باتت تضرب عموم البلاد فى فصل الصيف، فلا تكاد تنتهي الموجة حتى تتلوها موجة أخرى، وقد تستمر لفترات أطول مما اعتاد الناس عليه، كما لوحظ أيضاً الارتفاع الكبير فى درجات الحرارة أثناء تلك الموجات للدرجة، فتتسببت فى تفشي بعض الأمراض والأوبئة، التي لم تفرق عند إصابتها بين الإنسان، أو الحيوان، أو حتى النبات، كما تسببت أيضاً فى انتشار الآفات الزراعية وأمراض النباتات مما هدد بعض الحاصلات بالعطب أو التلف، أو تدني الإنتاجية على أقل تقدير.

قد تسببت تلك الموجات الحارة خلال السنوات السابقة في تضرر محاصيل الطماطم، والبطاطس، ونخيل البلح، والمانجو، وغيرها من الحاصلات الأخرى، حيث شهدت الإنتاجية في بساتين الزيتون ومزارع المانجو انخفاضا كبيرا في النصف الأول من عام ٢٠٢١م، وبينما لا يزال يجري إحصاء الحجم الكامل للضرر، فقد أفاد جميع المزارعين وخبراء المُناخ أن هذا العام كان من بين أسوأ ما شهدوه منذ عقود. كما هبط إنتاج الزيتون بحوالي ٦٠-٨٠٪ خلال موسم الحصاد هذا العام (٢٠٢١م) بسبب تغير المُناخ، وفقا لما أفاد به قسم الأرصاد الجوية بمركز البحوث الزراعية ، إذ بلغ محصول الزيتون المحلي نحو ٤٩٧ ألف طن في العام ٢٠١٩/٢٠٢٠م، فيما يتراوح محصول هذا العام بين ١٠٠ و٢٠٠ ألف طن حتى الآن. كان من المرجح أن يصل حجم محصول الزيتون المتوقع في موسم ٢٠٢٠/٢٠٢١م إلى ٦٩٠ ألف طن[53].

يعد هذا تطورا مهما بشكل خاص بالنظر إلى مكانة مصر في سوق الزيتون العالمية، حيث كانت مصر أكبر مصدر لزيتون المائدة في العالم خلال موسم ٢٠١٨/٢٠١٩م، وفقا لموقع أوليف أويل تايمز، وأنتجت ما يقرب من ربع الإجمالي العالمي، طبقا لإحصاءات المجلس الدولي

[53] https://enterprise.press/ar/greeneconomys(2021)

للزيتون. يرجع السبب وراء إنخفاض محصول الزيتون إلى أن عادة ما يتأثر الزيتون بسهولة بالتغيرات المُناخية، وقد كان الطقس في مصر هذا العام عرضة للتقلبات المفاجئة، طبقاً لبيانات مركز معلومات تغير المُناخ بوزارة الزراعة. الزيتون عادة ما يتأثر بالشتاء الدافئ ورياح الخماسين الدافئة مثلما حدث هذا العام(موسم٢٠٢٠م). الشتاء هذا العام كان دافئا وبدأ في نصف فبراير وهو الوقت الذي من الطبيعي أن يبدأ فيه الفصل الممطر في الانتهاء في مصر وتستعد الأرض لاستقبال الربيع بعد شهر من ذلك. يحتاج الزيتون أن تنخفض الحرارة إلى ١٠ درجات مئوية لعدد معين من الساعات طوال الشتاء حتى تتهيأ الشجرة للدخول في موسم النمو التالي.

واجه محصول المانجو أيضا صعوبات بسبب تغير المُناخ، فقد هبط إنتاجه بنسبة ٢٠-٢٥٪ في موسم حصاد هذا العام (موسم ٢٠٢٠م)، وفقا لمصادر بوزارة الزراعة، فضلاً عما أفاد به بعض المزارعين المحليين ،حيث لم يشهد محصول المانجو إثمار سوى شجرة أو شجرتين فقط هذا العام، مما يعني أن إنتاجه كان صفرا تقريبا، ويؤكد الجميع على أن العوامل المرتبطة بالطقس ساهمت في تراجع الإنتاج بنسبة ٤٠٪ مقارنة بالعام الماضي :[54]. بلغ متوسط إنتاج المانجو في الموسم الماضي ٥ أطنان للفدان، وكان من المتوقع أن يتراوح متوسط الإنتاج بين ٣,٧٥ إلى ٤ أطنان للفدان. وبلغت صادرات مصر الزراعية نحو ٤ ملايين طن في الفترة من يناير ٢٠٢١م إلى ٢٩ يونيو ٢٠٢١م، وكانت مساهمة محصول المانجو هي الأقل بين جميع المنتجات الزراعية، بإجمالي ٧٦٨ طن، وفقا لما أعلنته وزارة الزراعة.

ما يتبقي من تلك المحاصيل ترتفع أسعارها بشكل جنوني فى الأسواق لعدم التناسب بين العرض والطلب، وما يلبي احتياجات الناس، خاصة إذا كانت تلك الحاصلات ضمن المحاصيل الاستراتيجية التي لا يمكن الاستغناء عنها.

تؤدي زيادة درجات الحرارة بشكل ملحوظ أيضاً إلى تآكل التربة بالمناطق الهامشية وقلة احتمال زراعتها، والشكل رقم (١١) ، والجدول التالي رقم (٣) يوضحان التغيرات المتوقعة فى انتاجية

---

[54] نفس المرجع السابق

بعض الحاصلات الزراعية خلال السنوات القادمة نتيجة لارتفاع درجات الحرارة درجتين واربعة درجات.

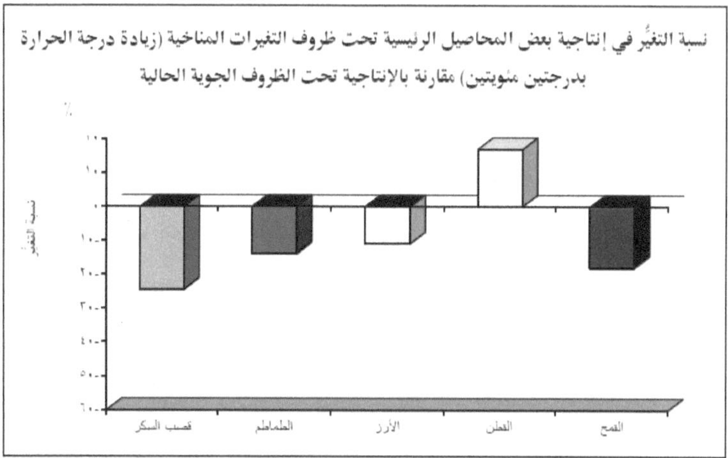

المصدر: أيمن فريد أبو حديد ٢٠١٦

الشكل رقم (١١): التغيرات المتوقعة فى بعض المحاصيل نتيجة لمظاهر التغيرات المُناخية

المحاصيل	التغير فى درجات الحرارة(درجة مئوية)	
	درجتين	اربعة درجات
القمح	-٩	-١٨
الارز	-١١	
الذرة	-١٩	
	-١٤	-٢٠

الفول الصويا	۲۸-	
الشعير	۲۰-	
القطن	۱۷+	۳۱-
البطاطس	-۳,۱۲\-۹,۰	۰,۲/۲,۳

المصدر: وزراة البيئة :استراتجية التكيف ۲۰۱۱

السبب الآخر الذى يمكن أن يؤثر فى إنتاجية الحاصلات الزراعية, ويرتبط بمظاهر التغيرات المُناخية، وهو ندرة المياه، وعدم توفرها بالكميات المطلوبة لري المساحات المنزرعة فعلياً، أو المقرر إستصلاحها، لتلبية الاحتياجات الضرورية من مصادر الغذاء، خاصة مع الزيادة المستمرة فى تعداد السكان عام بعد عام ، ومع محدودية الإيرادات الرسمية من المياه بنهر النيل، مما يعظم اهمية الطلب في البحث عن مصادر جديدة، أو الإعتماد على مياه الأمطار بشكل أساسي، وليس بشكل سنوى. وكما اسلفت سابقاً بأن التغيير في خريطة الأمطار هو إحدى المظاهر الأساسية للتغيرات المُناخية، ومن ثم تغير خريطة التوزيع الجغرافي للمحاصيل الزراعية.

قد يضطر سكان المناطق الصحراوية مثلاً للاعتماد على محاصيل بعينها كبديل عن المحاصيل التي اعتادوا زراعتها على مياه الأمطار مثل- القمح والشعير وبعض نباتات الأعلاف، فى حال شحت الأمطار، أو انعدم سقوطها، أو تغيرت أوقاتها، فقد يضطرو إلى زراعة محاصيل أخرى ، أو قد يعتمدوا بشكل اساس على حفر بعض الآبار، والاعتماد على مياهها فى زراعة بعض أنواع الخضروات أو الفاكهة. أو سكان تلك المناطق الحارة الذين يفضلون زراعة القطن مثلاً حيث لا يحتاج إلى مياه كثيرة، ففى حال سقوط الأمطار بغزارة ، وفى غير المواسم المعروفة،

فقد يضطروا إلى زراعة محاصيل أخرى تتوافق مع هذه الطبيعة الجديدة، ومن ثم تتغير خريطة التركيب المحصولي بشكل عام.

التأثير على المناطق الساحلية

تعد البيئات الساحلية ذات حساسية تجاه تأثيرات التغيرات المُناخية؛إذ تعاني المناطق الساحلية بطبيعتها من أوضاع حرجة، من حيث الخصائص المُناخية والموارد المائية؛ مما يزيد من قابليتها للتأثر بالتغيرات المُناخية، وحدة هذه التأثيرات وتسارعها حدوثها، ومما يرفع من قابلية تأثر هذه المناطق ، النمو الكبير في حجم وكثافة الأنشطة الاقتصادية والتنموية، فضلا عن الممرات المائية وحركة الملاحة الدولية، مما أدى إلي تزايد الضغوط البيئية للأنشطة البشرية، والتي بدورها تضعف مقاومة النظام البيئي للتغيرات الطبيعية والموسمية ، وتقلل من مرونتها وفرص تكيفه مع التغيرات المُناخية المحتملة، كما أن وجود فجوة ملحوظة في القدرات المؤسسية والخبرات اللازمة لتنفيذ استراتجيات وخطط فعالة للتخفيف من حدة الأثار المحتملة والتكيف معها يشكل تحدياً رئيسياً ويزيد من صعوبة عملية التكيف مع تغير المُناخ في هذه البيئات.[٥٥]

المناطق الساحلية بمصر هى من أكثر المناطق المهددة بمظاهرة التغيرات المُناخية خاصة ارتفاع منسوب مياه البحر المالحة، وما قد يصاحبها من تداعيات مختلفة. تقدر إجمالي مساحات المناطق المنخفضة فى شمال الدلتا، وبعض المناطق الساحلية الأخرى بحوالي ٢٢ % من جملة مساحات الأراضي الرطبة[٥٦].

هذه المناطق ستكون من أوائل المناطق التي ستغمرها مياه البحر، نتيجة لارتفاع الحادث منذ سنوات فى منسوبها، ونتيجة لذوبان الجليد فى القضبين الشمالي والجنوبي، فضلاً عن هبوط الدلتا بنفس معدل ارتفاع مياه البحر، مما يضاعف من معدلات غمر المياه لتلك المناطق. هذه

---

[٥٥] سيد فتحي احمد الخولي (٢٠١٢)

[٥٦] موقع وزارة البيئة (٢٠٢١)

المساحات مرشحة للزيادة نتيجة لبعض الأنشطة والممارسات البشرية الخاطئة الفردية منها أو الرسمية. هذه المناطق الساحلية المنخفضة ليست أراضي خالية من السكان، ولا من بعض الأنشطة والمشروعات التنموية الخاصة والمملوكة لأفراد ومستثمرين، أو الرسمية التي أقامتها الدولة من خلال سلطاتها المحلية، فمن بين هذه المشروعات الرسمية الموانئ، والمدن الجديدة، وتوسعات لمدن قائمة، ومناطق صناعية، ومحطات توليد الكهرباء، وقرى سياحية ،إضافة إلى الأراضي الزراعية، والمزارع السمكية، والطريق الدولي الساحلي.

لا تقتصر تداعيات مظاهر التغيرات المُناخية فى ارتفاع منسوب مياه البحر فقط ، والتي تؤدي إلى تغلغل المياه المالحة لتغزو اليابسة، إنما تشمل أيضاً زيادة معدلات نحر الشواطئ، والذى بدأ رصدُها منذ فترات طويلة، وتناولتها العديدُ من الدراسات الأكاديمية، والبحوث العلمية الموثقة، والمنشورة فى مجالات علمية محلية ودولية.

قدرت الحسابات العلمية لمعدلات تآكل الشواطئ من خلال تحليل صور الأقمار الصناعية، وبإستخدام برامج نظم المعلومات الجغرافية فى الفترة من ١٩٧٢م وحتى ١٩٨٤م بالمنطقة الساحلية الواقعة شرق نهر النيل فرع رشيد، بمحافظة كفر الشيخ بـ ٤٧م/سنة، وفي الفترة من ١٩٨٤م وحتى عام ٢٠٠٠م بـ٨٠م/سنة، بينما قُدرت معدلات تأكل الشواطئ فى الفترة من ١٩٧٢م وحتى عام ١٩٨٤م بالمنطقة الساحلية شرق نهر النيل فرع دمياط بـ ٢٥م/سنة، وبلغت معدلات التأكل ٩م/سنة فى الفترة من ١٩٨٤ وحتى عام ٢٠٠٠م[٥٧].

نتيجة لذلك فقد تضرر فعلياً، وبشكل كبير، خط الشاطئ فى مناطق عديدة، منها شاطئ مدينة بورسعيد، وشاطئ مدينة رأس البر، وشاطئ مدينة دمياط الجديدة، وشاطئ مدينة بلطيم، وخط الشاطئ على امتداد الشريط الساحلي الواصل بين مصيف بلطيم وحتى مصب نهر النيل عند فرع رشيد، مما أضطرت السلطات المعنية معه بالإسراع في إقامة الحوائط البحرية، والجواجز الخرسانية، بهدف وقف هذا التضرر والحد من استمراره.

[57] Rakha A.E., (2016)

ينتشر الإستزارع السمكي شمالاً حيث البحيرات الشمالية الطبيعة مثل بحيرة المنزلة، وبحيرة البرلس، وبحيرة إدكو، وبحيرة مريوط، فضلاً عن وجود البرك والمستنقعات التي تكونت بشكل طبيعي، نتيجة لوجود العديد من الأراضي الرطبة المنخفضة التي تغمرها مياه رشح الترع، والمصارف الزراعية المجاورة، أو تلك الأراضي التي تحولت إلى مزارع سمكية عمداً لعدم صلاحيتها لزراعة المحاصيل التقليدية لضعف خصوبتها،أو انعدامها تماماً، حيث تُنتج مصر ٩٣٪ من احتياجاتها من الأسماك من كافة المصادر، وتساهم البحيرات الشمالية بنحو ١٤٪ من إجمالى الثروة السمكية المُنتجة بمصر على الإطلاق، طبقاً لتقديرات وزارة الزراعة واستصلاح الأراضى والثروة السمكية.

من المعروف أن مصدر المياه الموجودة بالبحيرة الشمالية أو حتى بالبرك والمستنقعات الطبيعية هى فى جلها مياه صرف زراعي زائدة، والتي يتم صرفها عمداً على تلك البحيرات من خلال شبكة من المصارف الزراعية الرئيسية، والمعروفة مثل مصرف بحر حادوس، ومصرف بحر البقر، ومصرف كوتشينر، أو ما يُعرَفُ بمصرف الغربية الرئيسي، وغيرها من المصارف الفرعية التي تغذي وتصب على تلك المصارف الرئيسيةُ، ومن ثم تتميز تلك المياه بأنها مياه عدبة (Brachish water)، أي هي أقرب إلى المياه العذبة (الملوحة: ٢٥٠ جزء فى المليون) منها إلى المياه المالحة (الملوحة: ٣٥٠٠٠ جزء فى المليون)، رغم الارتفاع النسبي للأملاح الذائبة بها والتي قد تتجاوز ١٠٠٠ جزء فى المليون.

نظراً لطبيعة المياه من حيث تدني نسبة الاملاح الذائبة وارتفاع نسبة الهائمات والطحالب، تستخدم تلك البحيرات الطبيعية والمزارع الخاصة فى استزراع اسماك المياه العذبة مثل البلطي، والقرموط بشكل رئيسي، بالإضافة إلى بعض الأنواع الأخرى، لكن مع ارتفاع مستوى مياه البحر، وتداخل المياه المالحة مع مياه البحيرات الشمالية من خلال البواغيز، أو مع المزارع الخاص من خلال النشع الطبيعي بدأت ترتفع نسبة الأملاح تدريجيا، ومن عام لآخر، ونتيجة لذلك تغيرت الأنظمة البيئية فى المناطق الساحلية، وباتت عملية الاستزراع السمكي تتأثر من حيث ضعف الإنتاجية نتيجة لزيادة التمثيل الضوئى مع ارتفاع درجات الحرارة، ومن ثم زيادة

الطلب على الغذاء والأكسجين الحيوي (BOD) ، وزيادة التنافس بين الأنواع المختلفة، أو وجود أنواع دخيلة على الأنواع الطبيعية، ومن ثم تغير التركيب النوعي للأسماك.

التأثير علي الآمن الغذائي

يتحقق الأمن الغذائي عندما تكونُ الدولة قادرة على توفير عناصرة الطبيعية، أوالمصنعة. ويتحقق الاستقرارُ من خلال استدامة هذه العناصر ، ومطابقتها للمواصفات القياسية. يتم بعد ذلك استهلاك هذا الغذاء ليحقق القيمة الغذائية، والسلامة الصحية. في حال شحت العناصر محلياً ، يجب أن تكون الدولة قادرة على تلبية الاحتياجات من الخارج. تواجه دلتا نهر النيل والتي تعتبر سلة الغذاء لباقي سكان مصر، تواجهُ كثيراً من التهديدات الناتجة عن التغيرات المُناخية، والتي ستؤثر مباشرة على الأمن الغذائي من خلال ارتفاع مستوى سطح البحر المتوسط بشكل اساسي، الأمر الذى سوف يؤدي ضعف الإنتاجية فى الأراضي الزراعية، وتدني نوعية المنتجات، والحاصلات، ويعزى ذلك إلى ارتفاع ملوحة المياه الجوفية فى الأراضي الزراعية، وكذلك زيادة درجة الملوحة فى البحيرات الشمالية وسوف يؤدى هذا كلُه إلى الأتي:

١. فقدان مساحات من الأراضي الزراعية الخصبة وخفض الإنتاج الزراعي والحيواني.
٢. تغير في أنواع ومكونات الثروة السمكية التي تعتبر اهم المصادر الرئيسية للبروتين الحيواني فى مصر، والذي يعتبر مصدر غذاء هام ورخيص للفقراء.
٣. هجرة بعض السكان من تلك المناطق، نتيجة لتغدُق الأراضي أو انخفاض خصوبتها، أو عدم وجود وظائف بديلة كمصدر للدخل.

وحيث إن مصر تستورد حوالى ٥٠٪ من القمح و٩٠٪ من الزيوت على سبيل المثال، فإن ذلك قد يؤدى بشكل كبير إلى تهديد الأمن القومي، ويعرض البلد لأزمات اقتصادية طاحنة، لزيادة الطلب على العملة الصعبة اللازمة لاستيراد السلع ولتلبية الاحتياجات الضرورية وسد الفجوة الغذائية.

التأثيرات الاقتصادية والاجتماعية

يوفر حساب التكلفة الاقتصادية المرتبطة بالتغيرات المُناخية القدرة على تحديد حجم كلفة ما يُحدثه من ارتفاع في تغيرات درجات الحرارة، وانبعاثات الكربون خاصة من الوقود الأحفوري على خطط التنمية، والقطاعات الاقتصادية الرئيسية للدول، ومن ثم تعزيز القدرة الاستباقية للدول على مواجهة هذه الآثار والتكيف معها. في هذا السياق، فإن مصر من الدول التي ستتأثر بتغيرات المُناخ، ولا سيما على صعيد قطاعات اقتصادية مهمة للناتج المحلي الإجمالي، مثل السياحة والزراعة، فضلاً عن آثار أخرى على السكان والموارد المائية.

من المعروف أن هناك الكثير من المشروعات التي ترتبط ببعضها، وذلك عندما تكون منتجات بعض هذه المشروعات مدخلات أساسية أو حتى ثانوية لمشروعات أخرى، أو تكون بعض الخدمات التي تتيحها بعض المشروعات ضرورية بل أساسية للعمليات الصناعية لمشروعات أخرى، وبذلك تتأثر بعض المشروعات بشكل مباشر بمظاهر التغيرات المُناخية ،والبعض الآخر يتأثر نتيجة لتبعيتها لتلك المشروعات التي تأثرت بشكل مباشر، أو تضررت بالفعل.

ففي حال تأثرت المشروعات المختلفة بمظاهر التغيرات المُناخية، وأدت إلى تدني إنتاجية بعض المشروعات الإنتاجية، أو توقفها تماماً، أو سواء تعطلت بعض المشروعات الخدمية بشكل جزئي أو بشكل كلي، ستنعكس هذه التأثيرات السلبية حتماً على اقتصاديات المشروعات بشكل مباشر، وسيتضرر أصحابها والعاملون بها، بينما تنعكس تلك التأثيرات بشكل غير مباشر على الناتج المحلي للدولة وبالقدر التي كانت تساهم به تلك المشروعات، وستتضرر أعداد أكبر وفئات أكثر، وقد تظهر تلك التأثيرات فى خفض الأجور، ومن ثم تدني الدخول، أو في شكل أعباء مالية جديدة، كفرض ضرائب جديدة، أو رفع أسعار بعض السلع والمنتجات، أو نقصها تماماً، أو غياب بعض الخدمات، وسينعكس هذا بالتبعية على الحياة الاجتماعية للسكان.

ستتأثر كافة المشروعات التنموية المقامة بالشريط الساحلي لدلتا النيل على وجه الخصوص، وربما تهدد تلك التغيرات استدامتها، والحديث هنا عن المشروعات ليس قاصراً على مشروعات بعينها، إنما أعني كافة المشروعات الزراعية، والسياحية، والصناعية، أو حتى المشاريع

الخدمية، ومشروعات البنية التحتية، والتى تتمثل فى الطريق الدولي الساحلي وبعض الموانئ الساحلية.

فسوف تؤثر تلك المشاكل البيئية الخطيرة المرتبطة بالتغيرات المُناخية على المستوى الاقتصادي العام داخل حدود الدولة، وستنعكس سلبا على الناتج القومي الكلي، وسوف تقضي على العديد من فرص العمل المتاحة الآن والتي يعمل بها العديد من الشباب، خاصة تلك المهن الحرفية، والأعمال الهامشية المؤقتة، وغير الدائمة. كما ستتاثر أيضا حركة التجارة، سواء الداخلية، أو حتى الخارجية، والتى تتم عبر تلك الموانئ الساحلية، أو التي تستخدم الطرق الساحلية الدولية. ونتيجة لهذا الكساد والخسائر المتوقعة ستتضاءل مصادر الدخل القومي، ويحدث ما يسمى بعجز الموازنة العامة للدولة والتي يتم الصرف منها على خطط التنمية ، ومن ثم تعجز هذه الخطط عن تحقيق أهدافها، والوفاء بالاستثمارات الحقيقية التي يحتاجها المواطنون.

عالمياً يُقدر الاقتصاديون تكاليف الأضرار الناجمة عن التأثيرات المُناخية المرتبطة بتغير المُناخ، بأنها قد تصل إلى نحو ٤٠٠ مليار دولار سنويًا بحلول عام ٢٠٣٠م[58] .وفي الوقت نفسه، قدرت دراسة تم إعداداها بتكليف من وكالة التنمية، بأن الأضرار المُناخية قد تكلف البلدان الأكثر عرضة للخطر خُمس ناتجها المحلي الإجمالي بحلول ٢٠٥٠م.

أما على المستوى المحلي فمن المقدر أن تؤثرَ السيولُ مثلاً على ما بين ربع إلى مليون وحدة سكنية، وحيث إن قيم تلك الوحدات تزداد مع زيادة دخل الأفراد، فإنَ التكلفة التقديرية ستكون ما بين ١٠٠ إلى ٥٠٠ مليار جنيه[٥٩]، وفقًا لعددٍ من السيناريوهات التي تم بناؤها لمستويات الفيضانات، وهو تقدير استبعد الممتلكات التجارية والأراضي العامة.

بينما الخسائر في القطاع الزراعي فتم تقديرها بـ ٢٠ مليار جنية، وترتفع إلى ١٢٢ مليار جنية بحلول عام ٢٠٦٠م[٦٠]. أما خسائر حالات تلوث الهواء التي يتسببُ فيها انبعاثات الغازات والتي

---

58 المركز المصري للفكر والدراسات الاستراتيجية (٢٠٢١) العدد ٣٧

٥٩ المرجع السابق

٦٠ المرجع السابق

تزيد من حالات الوفيات بالإجهاد الحراري، ومشاكل التنفس فإن الخسائر المتوقعة تم تُقديرُها بحوالي ٢٤ مليار جنيه بحلول عام ٢٠٦٠م .

لن يأمن قطاع السياحة من التغيرات المُناخية، حيث إنّ تلك التغيرات ستتسبب في تضرر الشعب المرجانية، واضطراب الأنظمة البيئية، وهو ما يتسبب في خسارة القطاع السياحي بحوالي ١٩ مليار جنيه بحلول عام ٢٠٣٠م ، لترتفع إلى ٨٥ مليار جنيه بحلول عام ٢٠٦٠م ، ومن ثمّ فإن إجمالي تلك الخسائر بالإضافة إلى خسائر أخرى لم يتم التعرض لها قد تبلغ ٥٢ مليار جنيه في عام ٢٠٣٠م ، و ٢٢٨ مليار جنيه في عام ٢٠٦٠م ، وهو ما يمثل تقريبًا نسبة ٣,٩ % من إجمالي الناتج القومي لمصر[٦١]، وهو ما يضع مصر أمام تحدٍّ كبير لحماية الاقتصاد والبيئة والبشر، ويحفزها على المضيّ قدمًا في سياسات احتواء تغيرات المُناخ، ودفع دول العالم للتعاون للحد من تداعياتها الاقتصادية.

التأثير على مصادر الطاقة والسياحة والصحة.

ستؤدي الارتفاعات الحادة فى درجات الحرارة المصاحبة للموجات الحارة التي تتعاقب على البلاد أثناء فصل الصيف كنتيجة مباشرة لظاهرة الاحتباس الحراري، ستؤدي إلى زيادة الضغط على مصادر الطاقة خاصة الطاقة الكهربائية، والمستخدمة فى أغراض التكيف والتبريد في المنازل، وفي المكاتب الإدارية بالمؤسسات والشركات الخاصة والعامة. وكما هو معلوم بأنَ محطات توليد الطاقة الكهربائية تعتمد أساساً على الوقود الأحفوري (فحم/سولار/غاز طبيعي)، ومن ثم سيزيد الطلب على هذا الوقود، وسترتفع أسعاره، وتزيد تركيزات بعض الانبعاثات الغازية المتولدة عند حرقه لتشغيل الغلايات، توليد البخار، كما سيزيد الطلب على الطاقة المتولدة أيضاً من المساقط المائية، كما هو الحال بمحطات توليد الكهرباء بالسد العالي.

ستتأثر أيضاً المناطق الأثرية التاريخية بتلك الارتفاعات الحادة فى درجات الحرارة، وقد يؤدي هذا إلى تدهورها، وتصدع وانهيار بعض معالمها، وطمس بعض النقوش التاريخية الأثرية

---

[٦١] المرجع السابق

نتيجة للرياح المحملة بالأتربة، ومن ثم تتأثر القيم التاريخية، والتراثية لها، وربما تفقدها.أما المناطق الأثرية الموجودة بالمناطق الساحلية، وربما يتهددها خطر الاندثار أو الاختفاء تماماً، وذلك عندما يرتفع منسوب المياه في البحار؛ ويؤدى ذلك إلى غرقها تحت المياه كما حدث قديماً فى خليج أبو قير بالإسكندرية.

سيتأثر النشاط السياحي فى حد ذاته، وتقل أعداد الزائرين لتلك المناطق الأثرية، خاصة وأن معظمها يقع بمناطق صحراوية قاحلة وشديدة الحرارة طبيعياً. أما المناطق السياحية الأخرى كمناطق الاصطياف (شواطئ بعض المدن الساحلية) فسيزداد الضغط عليها، مع نقص في الشواطئ الصالحة لارتياد السياح، حيث أدت عمليات النحر المستمر لتآكل أجزاء من بعض الشواطئ المخصصة كمناطق اصطياف مثل- شواطئ مصايف بورسعيد ورأس البر، وبلطيم، والاسكندرية.

يؤثر تغير المُناخ على المتطلبات الأساسية للصحة مثل- الهواء النقي، ومياه الشرب الصحية، والغذاء الكافي، والمأوى الآمن. ويتعرض الإنسان نتيجة للتغيرات المُناخية إلى تأثيرات سلبية مباشرة مثل- درجات الحرارة والرياح المُحَمَلة بالأتربة، وارتفاع فى منسوب المياه، علاوة على بعض التأثيرات غير المناسبة أيضاً التي تهدد خدمات البنية التحية الخاصة بالمنظومة الصحية. يمكنُ إيجاز التأثيرات الصحية المصاحبة لمظاهر التغيرات المُناخية فى زيادة معدلات الوفيات خاصة عند الأطفال، والشيوخ، نتيجة للارتفاعات الحادة فى درجات الحرارة، وزيادة الأمراض المنقولة بالمياه، انتشار الجفاف، وأمراض العيون.

ستتكون برك ومستنقعات المياه الآسنة نيتجة هطول الأمطار بغزارة فى بعض الأماكن، مما سيؤدى إلى انتشار بعض الحشرات مثل الباعوض، والتي تحمل الأطوار المعدية لبعض الأمراض مثل- أمراض الملاريا، والفلاريا، وحمى الوادي المتصدع، وكذلك الدرن، فضلاً عن التأثيرات الصحية التي تحدث نتيجة لزيادة معدلات التلوث، خاصة لنوعية الهواء، وانتشار الأتربة والجسيمات العالقة، مع زيادة معدلات الرطوبة، وسرعة الرياح. سيؤدى التهجير القسري لبعض السكان إلى مزيد من التكدس فى المناطق التي سيتم الهجرة إليها، الأمر الذى

سيرفع من معدلات الإصابة بالأمراض المعدية، وغير المعدية ويرفع من معدلات الوفيات الناتجة عن أمراض القلب، والشرايين مثل- ارتفاع ضغط الدم والسكتات الدماغية والقلبية.

الهجرة القسرية للسكان

تعتبر الدول النامية هي الأكثر عرضة للمخاطر؛ لأن ٢١٪ من سكانها يقيمون في أراضي يقل ارتفاعها عن عشرة أمتار عن المستوى الحالي للبحر. سيؤدي التغير المُناخي إلي خطر غمر المناطق الزراعية والمدن الساحلية، وبالتالي حدوث تيارات هجرة داخلية كثيفة. قدر البنك الدولي بأن ٢٥ مليون شخص شُردوا في عام ١٩٩٨م نتيجة للتدهور البيئي، بحيث فاق عددهم لأول مرة في التاريخ عدد اللاجئين لأسباب تتعلق بالحروب".[٦٢]

ستكون هجرة السكان الأصليين المستقرين بتلك الأراضى الساحلية أمراً حتمياً، في حال غزتها مياه البحر المالحة ، وذلك عندما يفقدُ السكانُ مصادرَ رزقهم، ومهنهم التي كانوا يمتهنونها مثل- مهنة الزراعة، ورعى الأغنام، والصيد، فضلاً بعض الأنشطة الحرفية الأخرى التى تعتمد خاماتها على المواد الأولية المحلية.

يُقدر تعداد هؤلاء السكان المهددين بالهجرة بحوالى ٩٢ ألف نسمة ، إضافة إلى ٨ مليون نسمة بالمدن الساحلية الرئيسية من بورسعيد حتى الإسكندرية. سيضطر هؤلاء السكان للهجرة التدريجية إلى مناطق أخرى، أو حتى محافظات أخرى، وربما إلى بلدان أخرى، كنتيجة طبيعية لتدهور المستوى المعيشي لهم ، وفى محاولة منهم للبحث عن معيشة وحياة أفضل.

فى دراسة علمية أجراها البنك الدولي، وأعدها مجموعة من العلماء والخبراء فى فبراير ٢٠٠٧م على نحو ٨٤ دولة من الدول النامية، وأكدت الدراسة أن جمهورية مصر العربية هى من أشد الدول النامية تعرضاً للخسائر فى حالة ارتفاع منسوب سطح البحر متراً واحداً، وأن هذه الخسائر تشمل نزوح نحو ١٠ % من إجمالى سكان الجمهورية من أراضيهم ومدنهم. تمثل المناطق الساحلية المهددة بالغرق نتيجة لارتفاع مستوى سطح البحر حوالي ١٢٪ (١٣٩٩,٩٢كم٢) من

[٦٢] سيد فتحي احمد الخولي (٢٠١٢)

إجمالي المناطق الساحلية التي يتراوح المنسوب الطبوغرافي بها من صفر إلى متر واحد فقط، وحوالى ٤٠ % من إجمالى مساحة المناطق الساحلية ككل، حيث لا تتمتع لا بحماية طبيعية أوحتى حماية صناعية [٦٣].

سوف تؤدى تلك الهجرة إلى حدوث حالة من عدم الاستقرار الأسري، مخلفةً وراءها آثاراً اجتماعية خطيرة، إضافة إلى أن تلك الهجرة سوف تسبب ضغوطاً اقتصادية واجتماعية على المجتمعات التي سوف يتم الهجرة إليها، وكذا تدهور فى كفاءة كافة خدمات البنية التحتية، والمرافق الصحية، والتعليمة، لزيادة أعداد الطالبين لها، والمستفيدين منها، رغم محدودية الإمكانيات، وعدم وجود توسعات تواكب تلك التغيرات والزيادة فى الأعداد.

---

[٦٣] مركز المعلومات ودعم اتخاذ القرار – اللجنة الاستشارية لادارة الأزمات والكوارث والحد من أخطارها.

الفصل الرابع

مواجهة أم تكيف

نظراً لما يمثله تغير المُناخ من تحدٍ كبير وبالغ الخطورة، ونظرا لأن تداعياته تشمل كافة نواحي الحياة، لذا يجب أن تعرف كل دول العالم إلى أين تتجه، ويجب أن يكون لديها حلول عديدة وسيناريوهات متنوعه، التي يمكن أن تقدم فوائد اقتصادية مع تحسين حياتنا، وحماية البيئة فى آن واحد. الاتفاقيات الدولية العالمية مثل- اتفاقية الأمم المتحدة الإطارية بشأن تغير المُناخ ، واتفاقية باريس، وحدهما لا يكفيان ما لم يتم التصديقُ عليهما من كل الدول، ودخولهما حيز التنفيذ، بل يجب أن تلتزم كل الدول بما ورد بهما من التزامات وتعهدات، ويجب أن توجه هذه الاتفاقيات العالم للتقدم إلى الأمام.

لكن الأسئلة البديهية الذى تطرح نفسها بقوة وهي: ما هي طبيعة الحلول التي يَجبُ تَبنيها؟ ، وهل ستكون هناك مواجهة حاسمة مع مظاهر هذه المشكلة، أم سيتم الاستسلام لتداعياتها، أوعلى أقصى تقدير التكيف معها، والتأقلم مع مظاهرها؟، أم ستتم المواجهة فيما يمكن مواجهته من مظاهر، والتكيف مع ما يصعب معه المواجهة المباشرة؟، وهل من بين هذه السيناريوهات الرضوخ للأمر الواقع، والهروب بعيداً، وتهجير السكان قسراً إلى حيث تكون الأوضاع نسبياً أكثر أمناً؟. كل هذه التساؤلات هي تساؤلات مشروعهِ، والإجابة عليها ستزيل كثيراً من الغموض الذى يكتنف الأوضاع.

تحولت قضية التغيرات المُناخية إلى سجال سياسي بين الدول الأكثر تقدماً بعضها البعض من ناحية، وبينها وبين الدول النامية، والدول الأكثر فقراً من ناحية أخرى. يحاول كل طرف من تلك الأطراف تحقيق أكبر قدر من المكاسب، وأقل قدر من الخسائر. بالرغم من أن القضية هي بالأساس مشكلة علمية، ويجب أن يديرها العلماء، ويجدوا لها الحلول العلمية المناسبة، ثم يتلقفها بعد ذلك السياسيون، ويعملوا عليها، وينظموا الجهود الدولية بشأنها، إلا أن الأمر الواقع بات معكوساً، فالعلماء يتوارون خلف كواليس المشهد الدولي، بينما من يتصدر المشهد هم السياسيون، وهذا ما يثير القلق ويدعوا إلى الريبة.

السياسة لها اعتبارتها، ومنهجها فى التعامل مع القضايا, وهذا المنهجُ قد لا يعير الحقائق العلمية انتباهاً فى كثير من الأحيان، ولا يهتم بشأن بعض الخسائر الآنية، وربما اللاحقة، والتي قد تحدث عند إطالة الأمد لإيجاد حل سريع لهذه القضية العالمية، خاصة إذا تعارضت تلك الحقائق مع المصالح، وربما المكاسب السياسية التي قد يسعى كل طرف إلى تحقيقها.

من المعروف بأن السياسيين وقادة الدول قد يتعمدون افتعال بعض المشاكل هنا، أو هناك، أو تأجيج بعض الصراعات فى مناطق بعينها، أو يسعون لإسقاط بعض الحكومات، يفعلون هذا وأكثر فى سبيل تحقيق أهداف سياسية بعيدة المدى،لا يكتروثون فى سبيل ذلك بضحايا الفقر، والجوع التي تُخلفها سياستهم، أو يهتمون كثيراً لأعداد القتلى الذين قد تسقطهم صراعاتهم، أو ينتبهون حتى للأضرار البالغة التي قد تتحملها تلك الدول التي تدور رحى الصراعات على أراضيها، بل إن كل ذلك يجب أن يهون فى سبيل تحقيق مآربهم السياسية وأهدافهم الاقتصادية، خاصة وأنهم ليسوا من يتحملون هذا التبعات.

فى هذا الفصل من الكتاب سأحاول جاهداً الإجابة علي تلك الاسئلة المشروعة التي سبق طرحُهَا فى البداية ، وهذا بالطبع من وجهة نظرى المتواضعة، وذلك من خلال استشراف المستقبل، استناداً على نتائج الماضي، والتي يتم نشرها في بعض الأبحاث العلمية، ومن خلال تحليل البيانات والحقائق المتاحة للواقع الحالي، وفي وضوء قراءة المؤشرات المتاحة والمتوفرة، ومتابعة المشهد الراهن دولياً ومحلياً.

المتابع لمجريات الأمور فيما يخص قضية التغيرات المُناخية يجد أن هناك حزمة من التدابير والإجراءات الضرورية والعاجلة، والتي يفترض أنها تمثل منهج العمل العالمي الآن؛ وهي خفض انبعاثات غازات الدفيئة، والتكيف مع التأثيرات المصاحبة لمظاهر التغيرات المُناخية، وإتخاذ وتمويل التعديلات المطلوبة، لكن هذه الحزمة من التدابير لا تعدو حتى الأن مجرد رغبات، ونوايا لدى قادة العالم، وأن تفعيل، وإدخالها هذه التدابير حيث التنفيذ مرهون فى واقع الأمر بمدى توافقها مع أهداف ومصالح تلك الدول. واقع الحال يشير إلى أن أهداف، ومصالح بعض الدول غالبا ما تتعارض مع مصالح وأهداف الدول الأخرى، وأن حالة التوافق التام في

الأهداف، والمصالح نادراً ما تتحقق، وهذا مايؤجل وربما يؤخر اتخاذ قرارات حاسمة، وتدابير حقيقية للمضي قُدُماً نحو التعامل مع هذه القضية الخطيرة.

لخفض انبعاثات غازات الدفئية وعلى رأسها بالطبع غاز ثاني أكسيد الكربون[٦٤] العديد من الأوجه التي يجب العمل عليها بالتوازى، ويتطلبُ الأمر أولاً وفي البداية رصد الأنشطة المسببة لها بكافة القطاعات المختلفة، ثم جرد كميات غازات الدفيئة المنطلقة من هذه الأنشطة أو المصاحبة لها، ومن ثم تحليل هذه البيانات تحليلاً دقيقاً لتحديد أولويات القطاعات التي يجب أن تشملها إجراءات الخفض ،وطبيعة تلك الإجراءات ، وذلك قبل البدء والشروع فى تنفيذها بشكل أو بآخر، حتي لا تتسم تلك الإجراءات بالعشوائية، ويكون أثرها ضعيفاً، ونتائجها غير دقيقة، وغير مجدية فى نفس الوقت.

تناولت العديد من الدراسات الرسمية والخاصة، المحلية والدولية، رصد وحصر الأنشطة القطاعية المختلفة التي تساهم بشكل أو بآخر فى زيادة تركيزات غازات الدفيئة، ومدى مساهمة كل قطاع من تلك القطاعات فى إجمالي ما يتم إطلاقة سنوياً من تلك الغازات، بناء على بيانات الجرد التي تمت لكل قطاع، بالرغم من أن مستوى اليقين فى بيانات الجرد قد لا تكون بدرجة عالية من الدقة، لصعوبة أعمال الجرد ،حيث تتسم بعض الأنشطة بالعشوائية خاصة على المستوى المحلي.

بينت نتائج هذه الدراسات العالمية[٦٥] أن قطاع إنتاج الكهرباء يتصدر قائمة الأنشطة التي تتسبب فى زيادة تركيزات تلك الغازات المسببة لظاهرة الاحترار العالمي، حيث يساهم هذا القطاع بنسبة ٢٥٪ من إجمالى كميات الغازات التي تم جردها، يليه قطاع الطاقة بنسبة ٢٤٪، ثم قطاع الصناعة بنسبة مساهمة ٢١٪، ثم قطاع النقل بنسبة مساهمة ١٤٪، ثم يأتي قطاع البناء فى نهاية القطاعات من حيث نسبة مساهمته فى زيادة تركيزات الغازات المسببة للاحتباس الحراري.

---

[٦٤] تم إعتماده غاز ثاني أكسيد الكربون ليكون معبراً عن باقي غازات الاحتباس الحراري ، ولذلك يسمى بثاني أكسيد الكربون المكافئ (CO_2–eq).

[65] SDG Acadimy (2014)

تختلف بالطبع مساهة كل دولة من دول العالم عن باقي الدول الأخرى فى زيادة تركيز تلك الغازات، كما يتغير ترتيب تلك الدول من حيث نسبة المساهمة من عام لآخر، فليس بالضرورة أن تتصدرَ دولةٌ بعينها قائمة تلك الدول كل عام، ففى الفترة الزمنية من ١٧٥١م وحتى عام ٢٠١٢م كانت الولايات المتحدة الأمريكية هي التي تتصدر باقي الدول الأخرى الأكثر مساهمة فى غازات الصوبة الزجاجية خلال هذه الفترة (٢٦١ عام) بسنبة مساهمة قدرها ٢٦,٦٪ من إجمالي كميات مجمل الغازات، والتي قدرت فى ذاك الوقت بـ ٣٨٤ جيجا طن، يليها دولة الصين بنسبة مساهمة قدرها ١٠,٧٪ ، ثم روسيا بنسبة مساهمة قدرها ٧,٣٪ ، ثم ألمانيا بنسبة مساهمة قدرها ٦٪ ، واخيراً المملكة المتحدة بنسبة مساهمة قدرها ٥,٤٪[٦٦].

بينما فى عام ٢٠١٢م تحديداً كانت الصين هى التي تتصدر باقي الدول بنسبة مساهمة قدرها ٢٦,٩٪ من إجمالى كميات غازات الاحتباس الحراري، والتي تم جردها فى هذا العام والتي قدرت بـ ٩,٦ جيجا طن، ثم تلتها فى الترتيب الولايات المتحدة الأمريكية بنسبة مساهمة قدرها ١٤,٥٪ ، ثم الهند بنسبة مساهمة قدرها ٦,٣٪، ثم روسيا بنسبة ٥,٥٪ ، ثم جاءت فى الترتيب الأخير لدولة اليابان بنسبة مساهمة قدرها ٣,٦٪ [٦٧]. ويتضح من النسب السابقة أن إجمالي مساهمة تلك الدول الخمس الكبري تمثل ٥٦,٨٪ من إجمالي الانبعاثات الكلية، وتشترك باقى دول العالم مجتمعة في ما تبقي من نسبةِ ١٠٠٪، أى أن باقى دول العالم مجتمعة تكون قد ساهمت بنسبة ٤٣,٢٪. ومن المعلوم أن مساهمة مصر حالياً فى انبعاثات غازات الاحتباس الحراري تبلغ ٠,٦٧٪ فقط من إجمالي الانبعاثات العالمية.

أما على المستوى المحلي فقد أكدت وزاة البيئة فى تقريرها الأول والمحدث (كل سنتين)[٦٨]، والمقدم للاتفاقية الإطارية للتغيرات المُناخية التابعة للأمم المتحدة، والخاصة بجرد انبعاثات غازات الإحتباس الحراري، بأنَ قطاع الطاقة يتصدر كافة القطاعات الأخرى فى مدى مساهمته

[66] SDG Acadimy (2014)
[67] SDG Acadimy (2014)

[٦٨] الموقع الرسمي لوزارة البيئة (٢٠١٨)

فى زيادة تركيزات غازات الاحتباس الحراري، خلال الأعوام التي شملها التقرير المحدث وهي أعوام٢٠٠٥م&٢٠١٠م&٢٠١٥م، بنسبة مساهمة قدرها ٦٠,٣٠٪&٦١٪&٦٤,٥٠٪ على التوالي، يليه قطاع الزراعة بنسبة مساهمة قدرها ٢٠,٨٪&١٧,٥٪&١٤,٩٪ على التوالي، ثم قطاع الصناعة بنسبة مساهمة قدرها ١١٪&١٢,٧٪&١٢,٥٪ على التوالي، ثم يأتي قطاع المخلفات فى النهاية بنسبة مساهمة قدرها ٧,٩٪& ٨,١٠٪&٨,٢٠٪ على التوالي. الشكل رقم (١٢) يبين اتجاهات غازات الدفيئة خلال الأعوام ٢٠٠٥م و ٢٠١٠م و ٢٠١٥م للقطاعات المختلفة، والشكل رقم (١٣) ويبين نسبة مساهمة القطاعات المختلفة فى تركيزات غازات الاحتباس الحراري، والشكل رقم (١٤) يبين اتجاهات غازات الدفيئة خلال الأعوام ٢٠٠٥م و ٢٠١٠م و ٢٠١٥م لكل نوع من أنواع الغازات.

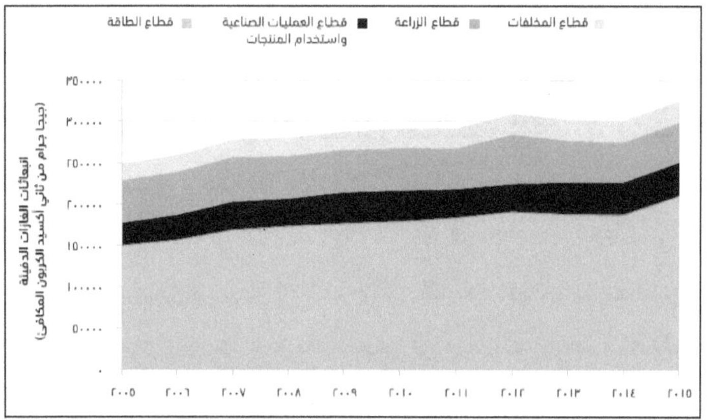

شكل رقم (١٢): اتجاهات غازات الدفيئة خلال الأعوام ٢٠٠٥م و ٢٠١٠م و ٢٠١٥م للقطاعات المختلفة بمصر.

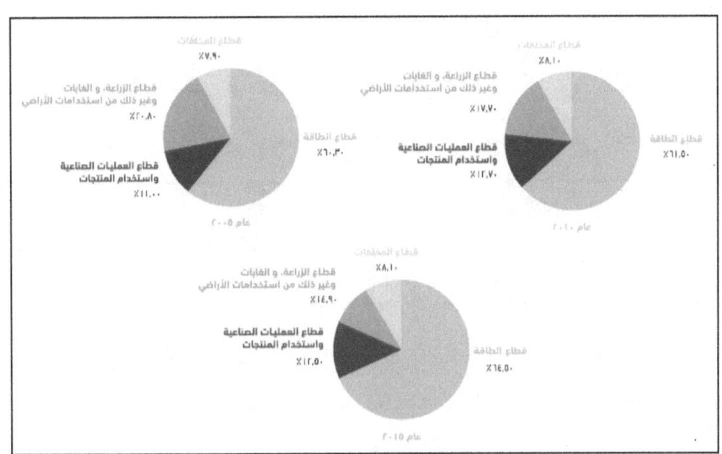

الشكل رقم (١٣): نسبة مساهمة القطاعات المختلفة فى تركيزات غازات الاحتباس الحراري.

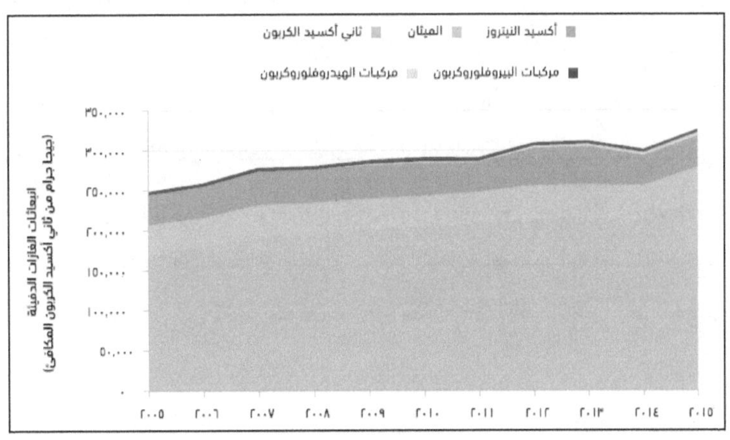

الشكل رقم (١٤) :اتجاهات غازات الدفيئة خلال الأعوام ٢٠٠٥ م و ٢٠١٠م و ٢٠١٥م لكل نوع من أنواع الغازات.

من المتوقع أن يؤدي النمو السكاني، والنشاط الاقتصادي في العالم، في نمو الانبعاثات العالمية في غازات الدفيئة، بما يتجاوز تلك الجهود الموجودة اليوم، خاصة دون جهود إضافية للحد من

هذه الانبعاثات، وسيزداد المتوسط العالمي لدرجة حرارة سطح الأرض في عام ٢١٠٠م طبقاً للسيناريوهات الأساسية تلك التي ليس لها تخفيف إضافي، حيث يمكن أن ترتفع درجات الحرارة من ٣,٧ درجة مئوية إلى ٤,٨ درجة مئوية أعلى من المتوسط في الفترة من ١٨٥٠م إلى١٩٠٠م.

هناك العديد من مسارات التخفيف التي من المحتمل أن تحد من الاحترار العالمي إلى أقل من ٢ درجة مئوية مقارنة بمستويات عصر ما قبل الصناعة. لكن ستتطلب هذه المسارات تخفيضات كبيرة في انبعاثات ثاني أكسيد الكربون، وغيره من غازات الاحتباس الحراري طويلة العمر، خلال العقود القليلة القادمة، وانبعاثات شبه معدومة بنهاية القرن. يطرح تنفيذ مثل هذه التخفيضات تحديات تكنولوجية، واقتصادية، واجتماعية، ومؤسسية كبيرة، تزداد مع التأخير في إجراءات التخفيف الإضافية، خاصة إذا كانت التقنيات الرئيسية غير متوفرة.

يتضمن الحد من الاحترار إلى مستويات منخفضة، أو أعلى ،تحديات مماثلة ولكن على نطاقات زمنية مختلفة. كلما طالت مدة التأخير لتقليل انبعاثات غاز ثاني أكسيد الكربون نحو الصفر ، كلما زاد الاحتمال بتجاوز درجة الحرارة لمستوى ١,٥ درجة مئوية. لا يعني تثبيت متوسط درجة الحرارة العالمية الاستقرار لجميع جوانب نظام المُناخ، وبالرغم من ذلك كله فإن التحول في الكتلة الحيوية (biomass) ، وكربون التربة ، والصفائح الجليدية ، ودرجات حرارة المحيطات وما يرتبط بها من ارتفاع مستوى سطح البحر، جميعها لها نطاقات زمنية طويلة خاصة بها، والتي ستؤدي إلى تغييرات تستمر من مئات إلى آلاف السنين بعد استقرار درجة حرارة سطح الأرض.

فى سبيل الحد من انبعاثات غازات الاحتباس الحراري، وضمان عدم تجاوز درجة حرارة الكوكب مستوي ١,٥ درجة مئوية، لتجنب المخاطر الوجودية لمكشلة التغيرات المُناخية، أُتُفِقَ على التدرج فى خفض هذه الانبعاثات بحيث تصل إلى ٤٤ جيجا طن فى عام ٢٠٢٠م، ثم ٣٥

جيجا طن فى عام ٢٠٣٠م، ثم ٢٢ جيجا طن لكافة غازات المسببة لظاهرة الاحتباس الحراري فى عام ٢٠٥٠م، و١٢ جيجا طن من انبعاثات غاز ثاني أكسيد الكربون فقط. [٦٩]

بمعني آخر، لتقليل الاحترار العالمي إلى أقل من درجتين مئويتين خلال القرن الحادي والعشرين، مقارنة بمستويات ما قبل العصر الصناعي، يجب أن تستمر سيناريوهات الحد من الانبعاثات التي تؤدي إلى تركيزات مكافئة لثاني أكسيد الكربون في عام ٢١٠٠م لتبلغ حوالي ٤٥٠ جزءًا في المليون أو أقل. تتميز هذه السيناريوهات بتخفيضات عالمية لانبعاثات غازات الدفيئة البشرية بنسبة ٤٠ إلى ٧٠٪ بحلول عام ٢٠٥٠م مقارنة بعام ٢٠١٠م ، ومستويات الانبعاثات قريبة من الصفر أو أقل في عام ٢١٠٠م.[٧٠]

سيناريوهات التخفيف التي تصل إلى مستويات تركيز تبلغ حوالي ٥٠٠ جزء في المليون من مكافئ ثاني أكسيد الكربون بحلول عام ٢١٠٠ ،هي أكثر احتمالاً للحد من تغير درجة الحرارة إلى أقل من ٢ درجة مئوية ، إذا تجاوزت هذه التركيزات بشكل مؤقت مستويات تقارب ٥٣٠ جزء في المليون من مكافئ ثاني أكسيد الكربون قبل عام ٢١٠٠م، في هذه الحالة سيكون من الصعب تحقيق هذا الهدف.

يقدم عدد محدود من الدراسات سيناريوهات التي من المرجح أن تحد من الاحترار العالمي إلى ١,٥ درجة مئوية بحلول عام ٢١٠٠م ؛ هذه السيناريوهات تتميز بتركيزات أقل من ٤٣٠ جزء في المليون من مكافئ ثاني أكسيد الكربون بحلول عام ٢١٠٠م و تقليل الانبعاثات بنسبة تتراوح بين ٧٠٪ و ٩٥٪ ٢٠٥٠ مقارنة بتركيزات عام ٢٠١٠م[٧١].

بالرغم من أن جائحة كروونا قد اضطرت اقتصاديات العالم إلى التوقف لأسابيع، مما أدى إلى انخفاض حصيلة غازات الدفيئة بنسبة ٩٪ كما سبق ذكره فى الفصل الأول، و المبين في الشكل السابق رقم (١)، إلا أن سرعان ما أن عادت الحصيلة إلى معدلاتها الطبيعية، إلى ماقبل الجائحة

69 IPCC (2014)
70 IPCC (2014)
71 IPCC (2014)

مرة ثانية . تقترب الحصيلة الحالية للغازات المسببة لظاهرة الاحتباس الحراري من ٥٥ جيجا طن، ونحن على أعتاب عام ٢٠٢٢م[٧٢] ،في حين أن السيناريوهات السابقة والتي تم إعدادهاعام ٢٠١٠م بهدف عدم تجاوز الزيادة فى درجات حرارة كوكب الأرض ٢ درجة مئوية، كانت تهدف إلى خفض هذه الحصيلة إلى ٤٤ جيجا طن، كما أن التوقعات المستقبلية تشير إلى أن هذه الحصيلة ستصل إلى ٦٠ جيجا طن بحلول عام ٢٠٣٠م [٧٣] ، فى حين أن السيناريوهات السابقة كانت تهدف إلى خفض تلك الحصيلة إلى ٣٥ جيجا طن. بالمضي قُدماً مع هذه المؤشرات الحالية، والمستقبلية نتوقع إستمرار الارتفاع فى حصيلة الغازات المسببة لظاهرة الاحتباس الحراري، وليس إنخفاضها كما كان مأمول، ومن ثم تزايد وتيرة، وحِدة، التداعيات المصاحبة للتغيرات المُناخية الناجمة عن هذه الارتفاعات الحاد والمتسارعة فى درجات حرارة كوكب الأرض.

ترتبط انبعاثات غازات الدفيئة ارتباطاً وثيقاً بنوعية الوقود المستخدم فى كافة القطاعات سواء الصناعية، أو قطاع النقل، أو قطاع البناء والتشيد، وغيرها من القطاعات التي تستخدم الوقود بشكل أو بآخر، فضلاً عن معدلات الاستهلاك نفسها، وإذا ما كانت تلك المعدلات تتجه إلى مستوى الاستهلاك المستدام، أم إلى معدلات الأسراف.

سيؤدي تحويل أنظمة الطاقة من الوقود الأحفوري إلى مصادر الطاقة المتجددة مثل-الطاقة الشمسية إلى تقليل الانبعاثات التي تؤدي إلى تغير المُناخ، لكن علينا أن نبدأ الآن. لكي يتم تحقيقُ صافي الانبعاثات الصفرية لغازات الاحتباس الحراري بحلول عام ٢٠٥٠م، يجب أن يتم تنفيذ حوالي نصف هذه التخفيضات بحلول عام ٢٠٣٠م للحفاظ على الاحترار بحدود أقل من ١,٥ درجة مئوية. ويجب أن ينخفض إنتاج الوقود الأحفوري بنسبة ٦ % تقريباً بمعدل سنوي بين عامي ٢٠٢٠م و ٢٠٣٠م[74].

---

[72] The world Econmoy Forum (2021).
[73] The world Econmoy Forum (2021)
[74] https://archive.ipcc.ch/publications_and_data (2007)

السؤال الذي يتبادر على الفور إلى الأذهان، ويضاف إلى حزمة الأسئلة التي اطلقناها فى بداية هذا الفصل، وفي سياق التحقق من جدية دول العالم فى سعيها إلى خفض الانبعاثات، والوصول بها كما سبق الإشارة إلى الصفر بحلول عام ٢٠٥٠م، هل حدث بالفعل، أو يحدث تخفيض فى إنتاج، واستهلاك الوقود الأحفوري بالمعدلات المشار إليها؟

يحتاج العالم إلى الانتقال بسرعة بعيدًا عن الوقود الأحفوري ، لذا يجب زيادة مساهمة مصادر الطاقة النظيفة مثل- الطاقة الكهربائية منخفضة الكربون، والطاقة المتجددة، والطاقة النووية والطاقة البيولوجية، من ٣٠٪ فى الوقت الراهن إلى ٨٠٪ حتى عام ٢٠٥٠م، و٩٠٪ حتى عام ٢١٠٠م، والتخلص التدريجي من مصادر الطاقة المتولدة من الوقود الأحفورى، إلى أن يتم التخلص النهائي منه، وتخزين ما هو موجودة بحلول عام ٢١٠٠م. [٧٥]

بالرغم من أن الطاقة النووية كمصدر لتوليد الكهرباء منخفض في انبعاثات غازات الدفيئة ، ولكن نصيبيه من توليد الكهرباء في العالم آخذ في الانخفاض منذ ١٩٩٣م. يمكن تقليل الانبعاثات غازات الدفيئة من إمدادات الطاقة بشكل كبير عن طريق استبدال محطات الطاقة الحالية التي تعمل بالفحم في العالم بمحطات طاقة حديثة، وذات كفاءة عالية تعمل بالغاز الطبيعي ذات الدورة المركبة، أو تجمع بين الحرارة و محطات توليد الكهرباء بشرط توفر الغاز الطبيعي.

أعلن الفريق الحكومي الدولي المعني بتغير المُناخ (IPCC) فى تقريره للتقييم الرابع للتغيرات المُناخية عام ٢٠٠٧م "يستمرّ الطلب على الطاقة العالمية في النمو على الرغم من التباينات على المستوى الإقليمي". شهد المتوسّط العالمي لنمو استهلاك الطاقة العالمية ارتفاعاً بلغت نسبته ١,٤% سنوياً خلال الفترة الممتدة من العام ١٩٩٠م إلى العام ٢٠٠٤م، رغم نسبة نمو أدنى سُجلت خلال العقدين السابقين، إثر الانتقال الاقتصادي في دول أوروبا الشرقية، والقوقاز، وآسيا الوسطى، إلا أنه سرعان ما عاد استهلاك الطاقة لينمو من جديد في تلك المنطقة[٧٦].

---

[75] https://archive.ipcc.ch/publications_and_data (2007)
[76] https://archive.ipcc.ch/publications_and_data (2007)

أضاف التقرير "وازداد إجمالي استهلاك الوقود الأحفوري بشكل منتظم خلال العقود الثلاثة الماضية، كما استمرّ استهلاك الطاقة النووية في النمو، رغم معدّل أدنى من المعدّل الذي عرفته الثمانينيات". أما الاستخدام واسع النطاق للطاقة المائية، والحرارية الأرضية فما زال ثابتاً. بين العامين ١٩٧٠م و٢٠٠٤م، انخفضت حصة الوقود الأحفوري من ٨٦% إلى ٨١%. أما الطاقة الهوائية أو الشمسية فتستمرّ في الارتفاع، لكن انطلاقاً من أساس شديد التدني) ، والشكل رقم (١٥) يوضح الارتفاع الملحوظ فى استهلاك الوقود الاحفورى خلال الفترة من ١٩٧١م وحتي عام ٢٠٠٥م مقارنة بباقي أنواع الوقود الأخرى النظيفة والمتجددة[٧٧].

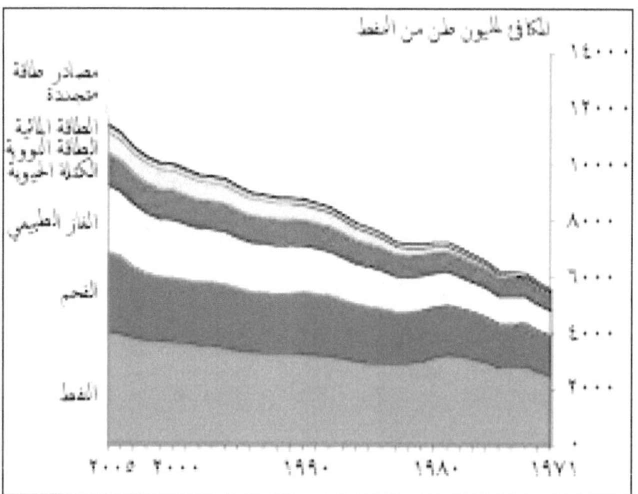

الشكل رقم (١٥): مقارنة استهلاك الوقود الأحفورى خلال الفترة من ١٩٧١م وحتي عام ٢٠٠٥م بباقي أنواع الوقود الآخرى النظيفة والمتجددة.

[77]https://archive.ipcc.ch/publications_and_data (2007)

أظهر تقرير لشبكة (رين٢١) المعنية بسياسات الطاقة النظيفة، أن استخدام الوقود الأحفوري لا يزال على نفس درجة الارتفاع التي كان عليها قبل عشر سنوات، وذلك على الرغم من تراجع كلفة مصادر الطاقة المتجددة، والضغط على الحكومات للتحرك إزاء تغير المُناخ. وقالت (رين٢١) إن استخدام الوقود الأحفوري بالنسبة لمجمل مصادر الطاقة العالمية بلغ ٨٠,٢ % عام ٢٠١٩م، مقارنة بـ ٨٠,٣ % عام ٢٠٠٩م، في حين أن الطاقة المتجددة مثل الرياح، وتلك المستمدة من الشمس شكلت ١١,٢ % عام ٢٠١٩م، ارتفاعاً من ٨,٧ % عام ٢٠٠٩م. قالت **رنا أديب**:المديرة التنفيذية لرين(٢١) "إننا نستيقظ على الواقع المرير المتمثل في أن وعود سياسة المُناخ على مدى السنوات العشر الماضية كانت في الغالب كلمات جوفاء"، وأضافت "حصة الوقود الأحفوري من الاستهلاك النهائي للطاقة لم تتحرك شبرا واحداً[78]."

بمقارنة الإستهلاك العالمي من الوقود الأحفورى منذ عام ١٩٦٥م وحتى عام ٢٠١٩م، يتبين أن الاستهلاك الإجمالي فى تزايد مستمر، مع الأخذ فى الاعتبار التفاوت النسبي من دولة لأخرى، ومن عام لأخر خلال هذه الفترة (٥٤ عام). بلغ استهلاك دول العالم مجتمعة فى عام ١٩٦٥م ما قدر بـ ٤٠٥٣٣ تيراوات/ساعة، بينما بلغ الاستهلاك فى عام ٢٠١٩م ماقد بـ ١٣٦٧٦٢ تيراوات/ساعة، حيث بلغ التغير النسبي خلال هذه الفترة ٢٣٧٪. كانت النسبة الأعلى فى الاستهلاك فى هذه الفترة للغاز الطبيعي، حيث بلغ التغير النسبي ٥٠٦٪ ، تلاها البترول بتغير نسبي بلغ ١٦٨٪ ، ثم الفحم بتغير نسبي ١٦١٪. [٧٩]

فى مصر كان قد زاد استهلاك الوقود الأحفوري من ٨١ تيراوت/ساعة فى عام ١٩٦٥م, إلى ١٠٣٠ تيراوات/ساعة فى عام ٢٠١٩م، كان الاستهلاك الأعلى للغاز، حيث ارتفع الاستهلاك من ١تيراوات/ساعة عام ١٩٦٥ إلى ٥٧٨ تيراوات/ساعة فى عام ٢٠٢٠، بتغير نسبي قدره ٥٧٨٪، بينما زاد استهلاك البترول من ٨١ تيراوات/ساعة عام ١٩٦٥م إلى ٣٧٠

[78] https://www.skynewsarabia.com/technology/(2015)

[79] https://ourworldindata.org/fossil-fuels (2020)

تيراوات/ساعة، بتغير نسبي قدره ٣٥٥٪ ، أما الفحم فزاد استهلاكه من ٥ تيراوات/ساعة عام ١٩٦٥م إلى ٩ تيراوات/ساعة فى عام ٢٠٢٠م، بتغير نسبي قدره ٨٦٪[80].

من الملاحظ أن خفض معدلات الاستهلاك العالمي من الوقود الأحفوري، ومن ثم خفض الغازات المسببة للاحتباس الحراري قد تأخذ وقتاً طويلاً حتى يمكن وضعها بعين الاعتبار عند تقييم الموقف العام، والتفكير فى التدابير الواجب اتخاذها لتفادي التأثيرات المدمرة لقضية التغيرات المُناخية. من الواضح أنه ليس هناك سبيل أو ملاذ آمن على الأقل فى الوقت الراهن سوى المضى قدماً فى تدابير التكيف مع هذه القضية. التكيف مع العواقب المُناخية يهدف إلى حماية الناس، والمنازل، والشركات، وسبل العيش، والبنية التحتية، والنظم البيئية الطبيعية، ويغطي التأثيرات الحالية، وتلك المحتملة في المستقبل.

سيكون التكيفُ مطلوباً في كل مكان، ولكن يجبُ إعطاءُ الأولوية الآن للأشخاص الأكثر ضعفاً، والذين لديهم أقل الموارد للتعامل مع مخاطر المُناخ. يمكن للتكيف أن يقلل من مخاطر تأثيرات تغير المُناخ ، ولكن هناك حدود لفعاليته ، خاصة مع زيادة حجم ومعدلات تغير المُناخ. تعمل إجراءات التكيف العاجلة على تعزيز الخيارات والتأهب في المستقبل، ولكن في سياق التنمية المستدامة قد يستغرق وقتاً أطول. تستند استجابات التكيف والتخفيف إلى عوامل التمكين المشتركة، وتشمل المؤسسات الفعالة، والحوكمة، والابتكار والاستثمارات في البيئة، واختيارات التقنيات السليمة، والبنية التحتية، وسبل العيش المستدامة، والسلوك ونمط الحياة.

تشملُ خياراتُ التكيف جميع القطاعات، ولكن سياق التنفيذ، وإمكانية الحد من المخاطر المتعلقة بالمُناخ تختلف باختلاف القطاعات والمناطق. بعض استجابات التكيف تنطوي على فوائدَ مشتركة وأوجه تآزر، ومقايضات كبيرة. ولكن يجب أن يكون من المعلوم بأن استمرار تغير المُناخ، وزيادة تبعاته سوف تؤدي إلى زيادة التحديات للعديد من خيارات التكيف. إجراءات التكيف الفعالة واستجابات التخفيف سوف تعتمد على السياسات والتدابير، عبر نطاقات متعددة:

[80] https://ourworldindata.org/fossil-fuels (2020)

الدولية، والإقليمية، والوطنية، ودون الوطنية. السياسات عبر جميع المستويات التي تدعم نشر تطوير ونقل التكنولوجيا، فضلا عن تمويل الاستجابات لتغير المُناخ [81].

التهجير القسري للسكان القاطنين فى الأماكن المتضررة، أو المهددة بالمخاطر قد يكونُ خياراً ضرورياً، وربما يكون ملحاً، وتلجأُ إليه الدول تحت وطأة تلك المخاطر، ضمن إجراءات وتدابير التكيف أو التخفيف، ومن بين تلك المخاطر بالطبع الحروب وكذلك مظاهر التغيرات المُناخية. قرار التهجير يدرس بعناية وتوضع له الخطط والسيناريوهات القابلة للتنفيذ من قبل السلطات سواء المركزية، أو حتى المحلية، عند مواجهة المخاطر المرتبطة بالكوارث الطبيعية التي قد تداهم بعض المناطق ويصعب تحديها، أو مواجهتها على أقل تقدير وقت حدوثها. من بين تلك المناطق المرجحة أكثر من غيرها لخيار تهجير سكانها بمصر، تلك المناطق الممتدة على طول الشريط الساحلي، والمهددة بمخاطر غزو مياه البحر، وغرق الأجزاء المنخفضة منها.

التهجير الطوعي من تلك المناطق الهشة، والمهددة بمخاطر التغيرات المُناخية، قد يكون قد بدأ منذ زمن، عندما بدأت مظاهر تلك المخاطر تظهر ولو بشكل محدود، وتأثير ضعيف، وذلك عندما بدأت المياه المالحة تتسلل إلى الأراضي الزراعية التي كانت تعيش على مواردها العديدُ من الأسر، فاضطرت إلى خيار الانتقال، والترحال إلى مناطق أخرى أكثر أمناً، وتوفر لهم سبل الحياة الكريمة، أو حتى الحد الأدنى منها، بعدما توقفت تلك الأراضي عن الإنتاج، وإنعدمت الموارد، وتحولت تلك الأراضي الى مناطق بور لاجدوى من استغلالها أو المكوث فيها.

[81] Ipcc (2014)

الفصل الخامس

خيارات التكيف

يعد غزو مياه البحر من أهم مظاهر التغيرات المُناخية التي تهدد مصر، فضلاً عن تلك المظاهر العديدة الأخرى التي تهدد جزءً مهماً، وحساساً من الدولة، وهو دلتا النيل خاصة الشريط الساحلي، حيث يعتقد أنه الخطر الأكبر الذي يجب أن تعد له العدة، وتتكاتف من أجله كافة الجهود المحلية، لا لمواجهته، بل لتكيُف معه، والعمل على التخفيف من تأثيراته الحتمية، وآثاره الوشيكة.

فضلت تسمية هذا الخطر بالغزو الأزرق، فهو غزو نسبة إلى طبيعته من حيث إنه يحمل مواصفات وعلامات الغزو من حيث الزحف تدريجيا، ثم الانقضاض دفعة واحدة، حيث لا تجدي وقتئذٍ محاولاتُ المقاومة، أو التصدي، لمن لم يعد العدة، ويأخذ الحذر الكافي، ويحصن حدوده، ويتترس خلف جيوشه من العلماء، والخبراء. وأسمي هذا الغزو بالأزرق نسبةً إلي مصدره، حيث بدأت مياه البحر الزرقاء في التقدم تدريجياً ومنذ زمن إلى عمق المناطق الساحلية، ومازالت تتسلل تجاه اليابسة بمعدلات ربما تكون ثابتة، أو متغيره، أو حتى متصارعةٍ، ودونما جهود كافية أو مناسبة.

أصبحت إجراءات التكيف مع مظاهر التغيرات المُناخية، وتدابير التخفيف من آثارها، هما الخياران اللذان يجبُ أن تلتزم بهما كلُ الدول، فضلاً عن الاستمرار فى التفاوض حول تدابير خفض انبعاثات غازات الاحتباس الحراري، للثبات بالزيادة فى درجة حرارة كوكب الأرض عند ١,٥ درجة مئوية. بات على كل دولةٍ من دول العالم انتهاجُ تدابير التكيف والتخفيف المناسبة لحجم المخاطر التي تتهددها، فضلا عن وضعها الاقتصادي، والمستوى التقني المتوفر لدى مؤسساتها الرسمية.

يجب أن تتبنى كافة المؤسسات والقطاعات الفاعلة بالدولة التدابير التي تتناسب وطبيعة المسؤوليات المنوطة بها، وابتكار وسائل، وأفكار، وحلول جديدة، وغير تقليدية، لا سيما إذا كانت تستند تلك الحلول إلى أسس، ومرجعية طبيعية، لمواجهة مشاكل الطبيعة، إضافة إلى ضخ

استثمارات كافية، ومناسبة في مجال البيئة، واللجوء إلى التقنيات السليمة، والاعتماد على البنية التحتية الموجودة، وضمان سبل العيش المستدامة، وبما فى ذلك تغيير السلوك وأنماط الحياة.

إتساقاً مع السياق الطبيعي لتسلسل العرض الذى يحتويه هذا الكتاب، وبعد ما تم تناوله لكافة جوانب قضية التغيرات المُناخية، وجدت إنه من الضروري أن يكون لي إسهاماتي الفاعلة أيضاً فى مجال خيارات التكيف المتاحة، والتي سأسوقُها من خلال بعض المقترحات التي أرى أنها مهمةٌ وضرورية، ويجب أن تتبناها الدولة، أو السلطات المحلية، وتبدأ على الفور فى العمل عليها، أو على أقل تقدير دراستها، ووضعها موضع الاهتمام والرعاية.

قد يستعان بهذه الخيارات مجتمعة لتتكامل فيما بينها، وتتعاظم النتائج والآثار الايجابية المترتبة عليها، أو قد يُؤخذ بعضها بعين الاعتبار، والأخرى بدرجات اهتمام أقل، وستكون بالطبع الاعتبارات الاقتصادية فقط هي الفيصل في اتباع أي من هذه الخيارات، لأني أثقُ تماماً فى توفر الخبراتن والتقنيات المناسبة، لتنفيذ هذه الحزمة من التدابير والخيارات مجتمعة.

الخيار الأول: إنشاء نظام للرصد والمراقبة والإنذار المبكر

بالرغم من أن هذا الخيار كان يجب العمل عليه من قبل السلطات المحلية، أو المركزية منذ بداية الاعتراف الدولي، والتسليم بحقيقة التغيرات المُناخية، والإقرار بمخاطرها الحالية، أو حتى المحتملة، تيمناً بالمبدأ العالمي "الحيطة واللاندم"، والتزاماً بالمنهج العلمي المتبع فى مواجهة مثل تلك الكوارث، والأزمات، والحوادث المحتملة.

كنت قد ناديت منذ سنوات عديدة بضرورة إنشاء مركز متكامل للإنذار المبكر، ويكون مستقلاً، أو تابعاً لأي من المؤسسات العلمية (إحدى الجامعات الإقليمية بدلتا النيل)؛ وأعني بالإستقلالية هنا، أن يكون بعيداً، ومستقلاً عن وصاية أي من الدوائر الحكومية الرسمية، بهياكلها التنظيمة العقيمة، وأجراءاتها الروتينية غير المجدية، والمُعطلة فى كثير من الأحيان، بل إنني كنت قد تقدمت بالفعل بمقترح موجز، وموثق للسيد وزير البيئية عام ٢٠١١، لكن اقتراحي لم يَلقَ أي اهتمام بالمرة، ولم يلقي له أحد بالاً.

يتطلب العمل المُناخي استثمارات مالية كبيرة من قبل الحكومات، والشركات، لكن التقاعس عن العمل المُناخي هو أكثر كلفةً بكثير. يجب أن تفي الدولُ الصناعيةُ بالتزاماتها بتقديم الدعم المالي، والتكنولوجي، إلى الدول النامية سنوياً، حتى تتمكن من التكيف والتحرك نحو اقتصادات أكثر مراعاةً للبيئة.

قد تكون تكاليف إنشاء أنظمة للإنذار المبكر مرتفعة ، إلا أن العائد المؤجل والمرجوا منها سيكون عظيماً ًأيضاً، حيث إن أنظمة الإنذار المبكرة للكوارث المحتملة، أو الوشيكة، ستساهم في انقاذ الأرواح والممتلكات، ويمكن أن تقدم فوائد تصل إلى عشرات أضعاف التكلفة الأولية. يمكننا دفع الفاتورة الآن، أو دفعها غالياً في المستقبل.

يتيح نظام الرصد والمراقبة والإنذار المبكر فرصً للتعرف على طبيعة، وتقدير حجم المخاطر، ومن ثم اتخاذ التدابير المناسبة لمواجهتها قبل حدوثها بوقت كاف، ومن ثم تَسهُل المواجهة، وتقل الخسائر المادية، والبشرية، وتتعاظم النتائج الخاصة بتفادي وتجاوز تلك المخاطر.

الإنذار المبكر يجب أن يشمل كافة المؤشرات المباشرة، وغير المباشرة، التي يمكن أن تدل على تداخل مياه البحر بإتجاه اليابسة، ومعدلاتها السنوية، وفضلاً عن نمط هذه الزيادة ؛ هل هذه المعدلات ثابتة أم متغيرة ؟، وما هي الظروف المرتبطة بهذه التغيرات وقد تؤثر فيها بالزيادة، أو النقصان؟، فضلا عن تحديد المناطق الهشة، والأكثر عرضة من غيرها، والأنشطة البشرية التي قد تساهم فى سرعة تداخل تلك المياه، وتزيد من مساحة المناطق المهددة، أوتعجل من غمر المياه لها.

تعتبر القياسات المباشرة لمستويات مياه البحر المتوسط والرصد والمراقبة الدائمة لها باستخدام مقاييس المد والجزر (tide gauge) ، تعتبر من أهم المؤشرات التي يجب أن توليها الدولة العناية الكافية، ولا يجب أن تكتفي بتقارير بعض الجهات العلمية الأجنبية، أو بعض النتائج التي تنشرها بعض مجلات البحث العلمي هنا أو هناك. ومن بين تلك المؤشرات التي يجب أن يشملها الرصد والمراقبة أيضاً، هو قياس المنسوب البيزوميترى للمياه الجوفية فى الآبار الساحلية الموجودة بالفعل، أو تلك التي يتم حفرها لهذا الغرض فى مواضع مختلفة، ومختاره بعناية.

لا يجب أن تكتفي أنظمة الإنذا المبكر بإكتشاف الكوارث الطبيعية المحتملة ، بل يجب أن تتبع اسباب تقدم مياه البحر باتجاه اليابسة على حساب المناطق الساحلية المنخفضة أيضاً. من بين تلك المسببات هبوط الدلتا بمعدلات ربما تعادل معدلات ارتفاع مياه البحر فتعظمها، ولهذا الهبوط فى الطبقات الرسوبية التي تتكون منها دلتا النيل أسباب عديدة، منها السحب الجائر للمياه من الخزان الجوفي القريب من السطح، حيث تحل المياه المالحة القادمة من البحر المتوسط محل المياه الجوفية التي يتم سحبها، سواء كانت مياهاً عذبة أو مياهاً مالحة ايضاً.

تشكل أيضا عملية تحلل طبقة الخث كما سبق وأشرنا، حيث يتضاغط سمكها ليساهم أيضاً فى هبوط الدلتا تحت وطأة الحمل الرسوبي الذى يعلوها، ويمكن قياس معدلات هبوط الدلتا بشكل عام بحساب المناسيب الطبوغرافية بمناطق مختلفة، ومقارنتها بمنسوب مستوى سطح البحر، على اعتبار أنه يمثل المنسوب صفر.

تقع أيضاً الأنشطة البشرية المختلفة ضمن المؤشرات التي يجب أن تخضع للرقابة، والرصد، والفحص المسبق، حيث إنها تعد من أسباب التعجيل بالتداعيات السلبية لإرتفاع مياه البحر، والتي تساهم بفاعلية فى إزالة العديد من الموانع الطبيعية التي قد تمنع، أو على أقل تقدير تعوق، وتؤخر، تقدم مياه البحر فى حال ارتفعت مستوياتها إلى معدلات كبيرة، أو حدثت عواصف، أو فياضانات. من هذه الأنشطة السلبية التي يتم رصدُها منذ فترات طويلة ومازالت مستمرة إلى يومنا هذا، إزالة تجمعات الكثبان الرملية الطبيعية التى تكونت، وتشكلت على مر العصور الجيولوجية كإحدى المظاهر، والتكوينات الجيومورفولوجية المميزة لدلتا النيل.

تكمن خطورة هذه الأنشطة، والممارسات، فى أنها تتم عن طريق الأجهزة المحلية للدولة مباشرة، أو عن طريق بعض المقاولين، ولكن بموافقة ومباركة تلك الأجهزة، سراً، أو علناً. تتم إزالة الكثبان الرملية، وتسوية، وتمهيد الأرض بكشل رسمي، لأسباب ومبررات عديدة؛ منها إقامة بعض المشروعات السكنية، أو المناطق الصناعية، أو شق الطرق الرئيسية، أو الفرعية، أو استصلاح، وزراعة بعض المناطق. وقد تتم بشكل غير رسمي من خلال سرقة الرمال عن طريق بعض المنتفعين، وبيعها، والتربح من ورائها. تؤدى إزالة الكثبان، وتسوية الأرض فى

كلا الحالات إلى خفض المناسيب الطبوغرافية للعديد من المناطق، وسرعان ما تتحول إلى برك، ومستنقعات طبيعية بعد أن تغمرها المياه المالحة فوراً.

لا يجب أن تتوقف أهداف برامج الإنذار المبكر على رصد المؤشرات المختلفة ومتابعة اتجاهاتها، بل يجب أن تتجاوز ذلك إلى تحليل البيانات، والنتائج التي يتم الحصول عليها، واستشراف المستقبل من خلالها، ثم وضع التدابير، والإجراءات اللازمة، والعمل على تنفيذها فى الاماكن الملائمة، والتوقيات المناسبة.

فعلى سبيل المثال- يجب أن تخضع كافة المشروعات التنموية بالشريط الساحلي لدلتا النيل، سواء كانت مشروعات خاصة، أو عامة ومملوكة للدولة، يجب أن تخضع للدراسات العلمية المتخصصة قبل البدء في تنفيذها مثل- دراسات الجدوى البيئية، والدراسات الجيولوجية، والجيوتقنية والهندسية، فضلاً عن دراسات الجدوى الاقتصادية، يؤخذ بعين الاعتبار أيضاً عناصر استدامة مثل هذه المشروعات وسبل تمنيتها.

مثال آخر على ما يجب أن تشمله برامج الرصدن والمراقبة، والأنذار المبكر - وهو كما أشرت سابقاً بشأن تجمعات الكثبان الرملية المهددة بالإزالة، وسبل وقف هذه التعديات، وكيفية تنميتها، وضمان استدامتها، بل يجب استزراع تجمعات لكثبان رملية جديدة، من خلال تهيئة العوامل، والظروف المواتية، والتي تساهم في تكونها، من خلال إنشاء الحواجز والمصدات تحت اتجاهات الرياح السائدة، والتي يمكن أن تقلل من شدة الرياح المحملة بالرمال، والقادمة من عمق البحر، فتُفرغ حمولتها، وتكون بعد ذك، ومع مرور الوقت تجمعات الكثبان جديدة.

مثال ثالث لما يمكن أن يحققه هذا الخيار ضمن الخيارات الأخرى للتكيف مع مظاهر التغيرات المُناخية، وهو تنويع مصادر المُياه ، وإدارة العواصف، والمياه العادمة، ووسائل تصريف المياه السطحية للعواصف، والفيضانات، وتحديد أماكن انشاء الملاجئ الآمنة، وتوفير السكن الملائم من مخاطر التعرض للفيضانات، والأعاصير، وصيانة وتحسين البنية التحتية للطرق، والمواصلات، والخدمات، وإدارة التنمية في المناطق المعرضة للفيضانات، والحد من

الضغوطات الأخرى على النظم البيئية، وضمان عدم تجزئة الموائل الطبيعية ؛ واعمال صيانة التنوع الجيني؛ والموارد الطبيعية المجتمعية.

تستخدم الوسائل العلمية الحديثة، والبرامج التطبيقية للحاسب الآلي، والمتخصصة فى مجال معالجة البيانات، وتحليلها، واستخلاص المؤشرات العلمية منها، وبرامج النمذجة الرياضية التي تحاكي الواقع، وتتنبأ بالمؤشرات المستقبلية، وبرامج نظم المعلومات الجغرافية التي يمكن من خلالها تحليل البيانات، فضلاً عن ربطها بالواقع من خلال الخرائط، وصور الأقمار الصناعية، واستخلاص المعلومات القيمةُ، والضرورية منها، لتساعد فى سرعة اتخاذ القرارات المهمة فى التوقيتات المناسبة أيضاً، إضافة إلى عمل نماذج، وخرائط للمخاطر المحتملة، وتحديد مستويات الخطورة طبقا لكل منطقة، من ثم التعرف على المناطق الأكثر عرضة للمخاطر، والأولى بالحماية الأكثر من غيرها، وكذلك تحديد نوع الحماية المطلوبة لكل مستوى من مستويات الخطورة.

قد تمتد الأهداف المتوقعة من تطبيق أنظمة وبرامج الإنذار المبكر لتشمل مساهمتها الفعالة في إعادة النظر فى القوانين، والتشريعات البيئية، وقوانين تنظيم أعمال، وممارسات البناء، سواءُ بالإضافة إليها، أو الحذف منها، أو التعديل عليها، لتتناسب وطبيعة، وحجم المخاطر، والإجراءات والإصلاحات القانونية، والإدارية التي تسهل على القائمين عليها أعمالهم، دون قيود، أو معوقات قانونية، أو إدارية، أو تضعهم قيد المسائلة القانونية لتجاوزهم حدوداً بعينها، أو لعدم قيامهم بمهام محددة فى توقيتات بعينها.

الخيار الثاني: صيانة البحيرات الشمالية

تتفرد جمهورية مصر العربية عن معظم الدول الأخرى بوجود خمس بحيرات بالجزء الشمالي فى حدودها مع البحر المتوسط ، وهي على التوالي من أقصى الشرق إلى أقصى الغرب: بحيرة البردويل، وبحيرة المنزلة، وبحيرة البرلس، وبحيرة إدكو، وبحيرة مريوط. البحيرات الشمالية الخمس لها نقاط اتصال مباشرة مع البحر المتوسط من خلال ما يسمى بالبواغيز، حيث تتم التغزية، والتغزية المرتدة بين مياه البحر المالحة، ومياه البحيرات شبة العذبة (Breach

Water). وتشغل هذه البحيرات مجتمعة مساحة حوالي ١١٧٧,٣٤كم٢ بما يعادل ٠,١٢٪ من المساحة الكلية للدولة.

تتمتع تلك البحيرات بقِيِمٍ اقتصادية مهمة وواعدة إذا أُحسن الاهتمام بها وتنميتها بطريقة علمية. تنتج ما يقرب من ١٤ % من إجمالي الناتج الكلي من الثروة السمكية بمصر، فعلى سبيل المثال - يبلغ متوسط ما تنتجه بحيرة المنزلة وحدها ٦٠ ألف طن/سنة. توفِّر تلك البحيرات أيضاً فرصَ عملٍ، ومهناً لآلاف الأسر التي تعيش إما داخل هذه البحيرات نفسها،أو بالقرى المجاورة لها، فعلى سبيل المثال- يعتمد حوالي٢٥٪ من سكان محافظة كفر الشيخ فى دخلهم على بعض المهن التي ترتبط بأنشطة تتم داخل بحيرة البرلس، وأول هذه المهن بالطبع صيد الأسماك، ورعي الماشية والأغنام، فضلاً عن بعض الصناعات الحرفية اليدوية التي تعتمد على البوص والنباتات الطبيعية الأخرى. بالرغم من تلك القيم الاقتصادية المهمة إلا أن ما يعنينا فى هذا الصدد هو القيمة البيئية والمُناخية للبحيرات وهي ما سنتعرض لها ببعض التفصيل.

المقصود هنا بمصطلح صيانة البحيرات الشمالية، هو قيام الدولة ممثلة فى أجهزتها ومؤسساتها المعنية بحزمة من الإجراءات، والتدابير الفنية، والتنفيذية، ووفق دراسات علمية متخصصة، ومسبقة، وخطط حقيقية، لإعادة تلك البحيرات إلى سابق عهدها التي كانت عليه منذ مئات السنين، وقبل أن تمتد إليها أيادي الأهمال في بعض الأحيان، والعبث، أو التجاوز، فى أحيان كثيرة.

كانت مساحة تلك البحيرات وحجم المياه بها غير ما هي عليه الآن، ومن ثم كانت مساهمتها في تحسين النظم البيئية، و تعظيم العوائد الاقتصادية مختلفة تماماً عما تساهم به فى الوقت الحالي. ما يعنينا هنا وما نهدف إليه من هذه الصيانة، هو تحسين، ثم تعظيم القيم البيئية والمُناخية لهذه البحيرات، حيث تستطيع كافة البحيرات الشمالية من إستقبال كميات أكبر من مياه البحر المالحة من خلال قنوات الاتصال الموجودة، أو التي يمكن إنشاءها لهذا الغرض، وبعد أن يتم زيادة قدرتها، وزيادة المسطحات المائية المفتوحه بها.

ومن المعروف أن مصادر المياه الحالية بهذه البحيرات تتمثل فى جزء بسيط من المياه المالحة القادمة من البحر المتوسط مباشرة، خاصة فى الأجزاء الشمالية للبحيرات، من خلال العديد من البواغيز، وقنوات الاتصال، والجزء الأكبر يأتي من مياه الصرف الزراعي بدلتا النيل، حيث تنتهي معظمُ المصارف الزراعية الكبرى إلى واحدة من تلك البحيرات.

فى السنوات الأخيرة اتجهت الدولة إلى الاستفادة من جزء كبير من مياه هذه المصارف الزراعية بعد دخول مصر فى مرحلة الفقر المائي، وعدم قدرة الإيرادات الحالية لنهر النيل في سد الاحتياجات الضرورية من المياه العذبة لرى الأراضي الزراعية القديمة، خاصة تلك الأراضي الواقعة بنهاية الترع والجنبيات، ولا تتوفر لها مياه الري العادية معظم فصول السنة، فضلاً عن الاحتياجات المائية الضرورية لاستصلاح الأراضي الصحراوية، وإضافة رقعة زراعية جديدة؛ كما هو الحال فى أراضي سهل الطين بشمال سيناء.

اضطرت الدولة للاستفادة من بعض مياه الصرف الزراعي، بعد خلطها بجزء من مياه نهر النيل، وتحويلها إلى شمال سيناء عبر ترعة السلام، إضافة إلى تحويل مسار بعض المصارف الزراعية الكبرى لتصب مباشرة فى نهر النيل من خلال محطات رفع كبيرة، بدلاً من صرفها على أي من البحيرات الشمالية.

قبل البدء بالتفكير فى مقترح صيانة تلك البحيرات، يجب التعرف أولاً على المشاكل التي لحقت بها على مر العقود الماضية، وأثرت بشكل ملحوظ على وظائفها الطبيعية، وحدت من قيمها البيئية، ومنافعها الاقتصادية. فنتيجة لنقص تدفقات المياه إلى تلك البحيرات الشمالية بمرور الوقت بدأت تضمحل أعماقها تدريجياً إلى أن وصل متوسط بعض الأعماق إلى سنتيمترات معدودة فقط ، وتكونت الجزر، مما سهل التعدي عليها من قبل السكان المحليين، وتم استغلال هذه المناطق الجافة، والجزر التي تشكلت لتكوين تجمعات سكنية، واستصلاح بعض الرقع لأغراض الزراعة، ورعي الماشية والأغنام.

ما زاد الأمر سوءً، هو لجوءُ الأهالي إلى تجفيف المناطق الضحلة عمداً، فتحولت البحيرات بين عشية وضحاها من مسطحات مائية مفتوحة إلى مجموعة من البركة، والمستنقعات المغلقة،

وغير المتصلة ببعضها، وتدهورت الأوضاع أكثر فأكثر مع زيادة نمو الحشائش والنباتات الطبيعية، نتيجة لمياه الصرف الزراعي الغنيةِ بالمغذيات (النتروجين& الفسفور)، إضافة إلى زيادة حجم الرسوبيات التي تحملها أيضاً مياه الصرف الزراعي، وتترسب بعد ذلك بقاع البحيرات.

أدى ارتفاع منسوب البحيرات عن منسوب مياه البحر، إلى تحولت التغذية العادية (من البحر إلى البحيرة) إلى تغذية عكسية (من البحيرة إلى البحر)، وزادة نسبة الأطماء بالفتحات الشمالية وقنوات الاتصال مع البحر، وأُغلق بعضها تماماً.

فى نهاية الأمر تقلصت مساحات البحيرات الشمالية مقارنة بمساحتها منذ عشرات السنين، ومازالت عمليات الانكماش مستمرة، وسيناريوهات التعدي لم تتوقف. ويمكن التعرف على ما آلت إليه الأمور بكل بحيرة على حدة، وذلك على النحو التالي:

- تقع بحيرة البردويل[٨٢] على الشاطئ الجنوبي للبحر المتوسط وتشغل معظم الساحل السيناوى، ويفصلها عن البحر المتوسط شريط ضيق من الرمال يتراوح عرضه من ١١٠ م إلى ١ كم ، وتبلغ المساحة الكلية لها حوالي ٧٠٤,٣ كم٢، وتمتد بطول٨٥ كم تقريبا، ويصلُ أقصى عرض لها ٢٢ كم. تحتوى البحيرة على مساحات مفتوحة من المياه، ولا توجد أى مساحات مغطاه بالنباتات, وتتصل بالبحر المتوسط عن طريق بوغازين صناعيين، حيث يتم تبادل المياه بين البحيرة والبحر المتوسط من خلال عملية المد والجزر.ويعتبر البوغازان المتصلان بالبحر المتوسط المصدرين الوحيدين للمياه للبحيرة، حيث يبلغ متوسط عرضهما ١٥٠م ، فى حين سجل أقصى عمق للمياه فى مركزهما ٨,٧م ، وتتضاءل تلك الأعماق كلما اتجهنا إلى الحواف.

---

[٨٢] مصدر المعلومات والاحصائيات الخاصة بالبحيرات الشمالية تم اقتباسها من تقرير معروض على الموقع الرسمي لوزراة البيية تحت عنوان " ملخص التقرير السنوي (٢٠١٢-٢٠١٣) لبرنامج الرصد البيئي للبحيرات"

تعتبر بحيرة البردويل حوضاً مائياً ضحلاً يتراوح عمق المياه بها بين ٠,٣ – ٦,٥ م، حيث سجل أعلى عمق للمياه أمام البوزغيين فى حين كانت المنطقة الشرقية والتي تعرف بمنطقة الزرانيق أقل أعماق البحيرة، ويبلغ المتوسط السنوي لعمق مياه بحيرة البردويل حوالي ٠,٨ م . ومن الجدير بالذكر أن بحيرة البردويل تحتوي على عدة جزر صخرية ورملية بلغت مساحتها حوالي ٧,١٥ مليون متر مربع أى حوالي ١ % من المساحة الكلية للبحيرة، وتغمر المياه جزء منها أثناء عملية المد.

تعتبر بحيرة المنزلة من أكبر أربع بحيرات للمياه العذبة. تقع بين قناه السويس من الشرق ونهر النيل فرع دمياط من الغرب، ويحدها البحر المتوسط من الشمال. تتصل البحيرة بالبحر المتوسط عن طريق ثلاث فتحات رئيسية والتي تسمح بتبادل المياه بين البحيرة والبحر؛ هى الجميل والبوغاز والجميل الجديد. تعرضت مساحة البحيرة للتناقص خلال السنين الماضية، ومازال هذا التناقص مستمراً، حيث تنكمش مساحة البحيرة بمعدل ٥,٢٢ كم^{٢} /سنويا. أكبر انكماش حدث فى مساحة البحيرة لوحظ فى الجزء الغربي والجنوبي. فى عام ١٩٠٠م كانت مساحة البحيرة ١٩٠٢ كم^{٢}، بينما فى عام ١٩٨١م أصبحت مساحتها ٩٠٩,٨٥ كم^{٢}. تصل مساحة البحيرة الآن إلى ١٠٠ كم^{٢}، ومتوسط عمق المياه بها١,١٥م فقط، وتبلغ عدد الجزر المتناثرة بها حوالي ١٠٠٠ جزيرة، وكان نتيجة لوجود عدد كبير من الجزر التي تتخلل البحيرة أن تقلص المسطح المائي بها إلى ٧٠٠كم^{٢} فقط .

- تستقبل البحيرة سنويا ٧٥٠٠ مليون متر مكعب من مياه الصرف الزراعي المختلط بمياه الصرف الصحي والصناعي غير المعالج، والقادم من مصارف حادوث، والسرو الأعلى، علاوة على مصرف بحر البقر، وقد تعرضت كميات المياه بها للنقص الشديد حتى وصلت إلى ٤٠٠٠ مليون متر يبلغ متوسط عمق المياه بها١,١٥م فقط، وتبلغ عدد الجزر المتناثرة بها حوالي ١٠٠٠ جزيرة.
- تقع بحيرة البرلس شرق فرع رشيد، وتمتد بطول ٧٠كم تقريباً، ويتراوح عرضها من ٦ إلى ١٧ كم. تبلغ مساحتها الحالية حوالي ٢٨٣,٢٨ كم^{٢}، وتعد ثانى أكبر البحيرات الطبيعية

فى مصر. تعتبر البحيرة مكاناً طبيعياً لما يقرب من ١٣٥ نوعاً من النباتات البرمائية، وتستقبل مياهها الطيور البرية المهاجرة. يتراوح عمق المياه بها بين ٠,٤م إلى ٢م . تتصل البحيرة بمياه البحر المتوسط المالحة من خلال بوغاز البرلس، وبمياه نهر النيل العذبة من خلال قناة برمبال. يتم تغذيتها بمياه الصرف الزراعي المختلط من خلال ثمانية مصارف وهى: مصرف نمرة ٣ ، مصرف الغربية الرئيسي (كتنشنر)، ومصرف بحر تريه، مصرف بحر البطالة، و مصرف نمرة ٧، ومصرف نشرت، ومصرف نمرة ٢، ومصرف المحيط.

- تعتبر بحيرة إدكو واحدة مما يعرف بالأراضي الرطبة في منطقة الدلتا بشمال مصر، حيث ترتبط بالبحر المتوسط من خلال فتحة ضيقة تعرف ببوغاز المعدية. تحد بحيرة إدكو المزارع السمكية، والقرى، والأراضي الزراعية، حيث تعد البحيرة بمثابة خزان لمياه الري المنصرفة من الأراضي الزراعية. المصارف الرئيسية المغذية لها هى: البوصيلى والخيري، وإدكو من الشمال، ومصرف برسيق من الجنوب، إضافة إلى تصريفات المزارع السمكية المتاخمة، وكذا الأراضي الزراعية المحيطة. تبلغ المساحة الكلية لبحرية إدكو حوالي ٢٦,٨٧ كم٢، حيث تغطى النباتات نسبة ٨٦,٧٤ ٪ من المساحة الكلية للبحيرة، فى حين أن الجزء الذي تغمره المياه المفتوحة يمثل ٣١,٢٦ ٪ فقط، وتعتبر بحيرة إدكو حوضاً مائياً ضحلاً تتراوح عمق المياه به بين ٣٠ إلى ٤٢٠ سم ، فى حين يبلغ متوسط عمق مياهها حوالي ٦٥ سم.
- تقع بحيرة مريوط فى غرب الدلتا, وهي مقسمة إلى عدة أحواض مقطعة بواسطة طرق وجسور. لا تتصل البحيرة بالبحر المتوسط حاليا، ولذلك تتم عملية ضخ المياه الزائدة بالبحيرة إلى البحر المتوسط عن طريق محطة رفع المكس. تستقبل البحيرة المياه من ثلاثة مصادر وهى: مصارف القلعة، والعموم، والنوبارية، بالإضافة إلى بعض المزارع السمكية، وصرف الأراضي الزراعية. تبلغ مساحة البحيرة ٦٢,٨٩كم٢، ويتراوح عمق

المياه بها ما بين ٠,٣ إلى ٦,٣ متر، وذلك بمتوسط ٠,٨٣ متر ، يمثل الغطاء النباتى حوالي ٦٣,١ % من المساحة الكلية للبحيرة.

من وجهة نظرى المجردة، يجب أن تبدأ أعمال صيانة البحيرات الشمالية الخمسة بوقف كافة مظاهر التعدى الحالية أولاً، وإزالة ما يمكن إزالته دون أن يتسبب ذلك فى حدوث مشاكل قد تعصف بحياة مئات الأسر، أو تهدد استقرار أوضاعهم المعيشية ، وذلك بإيجاد بدائل مناسبة ومشروعة لهم، من حيث أماكن السكن وسبل العيش الكريم، ثم يتبع هذه الخطوة خطوة أخرى لا تقل أهمية عنها؛ وهى إعادة ترسيم حدود البحيرات ورسم الخرائط المناسبة لذلك، وتعيين إدارة واحدة مستقلة قائمة بذاته لكل البحيرات الشمالية، بصرف النظر عن الهوية الإدارية لكل بحيرة، ويكون لهذه الإدارة الصلاحيات التي تمكنها من التنسيق مع أى من الوزارات أو المؤسسات المختصة، بعيداً عن شيوع المسؤوليات، وتَوزيع الأدوار التي تؤدي إلى الاتكالية، والتردد فى اتخاذ الإجراءات المناسبة فى التوقيتات المناسبة، وتؤدي أيضاً إلى تفتيت الموزانات، وضياعها بين جهات عدة.

تأتي عمليات تطهير المسطحات المائية من النباتات الطبيعية الكثيفة، وإزالة الرسوبيات، ورفعهما خارج البحيرات، بهدف زيادة المسطحات المائية، بحيث تقترب من المساحات الفعلية للبحيرات، وجعل هذه المسطحات مفتوحة بإزالة الجسور والحوش التي تعيق اتصال المياه ببعضها. بينما تأتي أعمالُ تكريك البواغيز، ونقاط الأتصال مع مياه البحر المتوسط فى المرحلة الأخيرة من مراحل صيانة البحيرات، بحيث تتدفق المياه المالحة إلى البحيرات، وليس العكس، وكما هو الحال حالياً، وهذا هو الهدف الأساس من أعمال الصيانة، بحيث تكونُ جاهزة لاستيعاب أي ارتفاعات محتملة في منسوب مياه البحر المتوسط نتيجة للتغيرات المُناخية.

الخيار الثالث: تشجير الأجزاء المهددة من الشريط الساحلي

التشجير، والإدارة المستدامة للغابات، والحد من إزالة الغابات الموجودة فعلياً، يعتبر أكثر خيارات التخفيف فعالية، مع وجود اختلافات كبيرة في أهميتها النسبية عبر المناطق. ففي الزراعة تتمثل خيارات التخفيف الأكثر فعالية من حيث التكلفة في إدارة الأراضي الزراعية،

ورعي الأراضي، واستعادة التربة العضوية. تقدر تكلفة تخفيف حوالي واحد طن من انبعاثات مكافئ ثاني أكسيد الكربون في الغابات بأقل من ٢٠ دولارًا أمريكيًا. وتعتبر أعمال التشجير وإدارة الغابات أكثر فاعلية فى تدابير التخفيف والتكيف فى آن واحد، لما تحققه من وظائف عديدة، ومتنوعة، حيث لا يقتصر دور الغابات الشجرية على الجوانب البيئية فقط، بل يتجاوزها ليحقق العديد من المنافع الاقتصادية، والترفيهية أيضاً.

بالرغم من أن مصر ليست من بين الدول التي تنتشر بها الغابات الطبيعية للعديد من الأسباب، وعلى رأسها بالطبع عوامل الطقس التي تتعاقب عليها عبر الفصول الأربعة، وأهم تلك العوامل معدلات سقوط الأمطار، ودرجات الحرارة، وكما هو معروف أن مصر كان يسودها مُناخ معتدل معظم أوقات العام، ولكن مع التغيرات المُناخية الحادثة الآن بدأت تحدث اضطرابات جوهرية فى عناصر الطقس السائد بمصر شأنها شأن باقى دول العالم، فباتت تسقط الأمطار فى فصل الشتاء بمعدلات كبيرة، وفى أوقات عديدة، ليس فقط على المناطق الشمالية الساحلية لدلتا النيل، بل تجاوزت تلك المناطق هذا العام لتشمل مدن الصعيد والبحر الأحمر. على الجانب الآخر وفى فصل الصيف باتت تتكرر الموجات الحارة بوتيرة أكبر وأشد من ذي قبل لتضرب عموم البلاد.

بالرغم من تلك العوامل التي يصعب معها نمو الأشجار الكبيرة بشكل طبيعي لتشكل غابات شجيرية فى أي من المناطق، إلا أنه يمكن استزراع تلك الغابات قصداً وعمداً في بعض المناطق الشمالية على أقل تقدير، حيث الأمطار الغزيرة، والتي تستمر معظم فصل الشتاء، وباقي العناصر والظروف المساعدة على إقامة تلك الغابات يمكن تهيئتها وتوفيرها، وقد انتهجت وزارتا البيئة والزراعة هذا النهج فى بعض المناطق، ولم تكن تجارب فاشلة بالمرة، وكان من الممكن تعظيم هذا النهج، وتكراره فى العديد من الأماكن الأخرى لو أرادوا. في تقديري المتواضع أنَ هذا الخيارَ أصبح ضرورياً كإحدى خيارات التخفيف والتكيف مع مظاهر التغيرات المُناخية، وأهمها بالطبع تقدم مياه البحر تجاه اليابسة بالمناطق الساحلية لدلتا النيل، وذلك لما يمكن أن يحدثه من آثار إيجابية على العديد من الأصعدة، وفى كثير من المجالات.

تساهم الغابات الشجرية فى التخفيف من حدة تغيرات المُناخ مباشرة عن طريق خفض انبعاثات الكربون فى الغلاف الجوي، حيث تخزن غابات العالم حوالي ٢٨٩ جيجا طن من الكربون، علماً بأن تلك الكمية قد انخفضت بمعدل ٠,٥ جيجا طن سنويا في الفترة من ٢٠٠٥م : ٢٠١٠م، ويبلغ إجمالى مخزون الكربون فى الغابات ٦٦ طن للهكتار فى شمال أفريقيا، وذلك طبقا لتقديرات منظمة الزراعة والأغذية[٨٣] لعام ٢٠١٠م والذى أمكن تصنيفها كالتالي:

- ٢٢,٢ طن / هكتار فى الكتلة الحيوية للغابات.
- ٨,٨ طن / هكتار فى الحطب.
- ٣٥ طن /هكتار للتربة.

أما من حيثُ قدرةُ الغابات الشجيرية على امتصاص غازات أول، وثانى أكسيد الكربون، وكذا إطلاق غاز الأكسجبن أثناء عملية التمثيل الضوئى، فقد أكدت منظمة الزراعة والأغذية فى تقرير لها عن تقييم الموارد الحرجية عام ٢٠١٠ م على الآتي :

- يمتص كل كيلو متر مربع من الأشجار من ١٢-٢٠ كيلو جرام/ يوم من غاز أول أكسيد الكربون.
- يستهلك كل متر من المادة الخشبية في الغابات ١,٨ طن من غاز ثاني أكسيد الكربون، ويُطلق ١,٢ طن الأكسجين.
- يُعطي كل كيلو متر مربع واحد مزروع بنبات الحور على سبيل المثال خلال فصل النمو الواحد نحو ١٢٠٠ طن من الأكسجين، ويمتص ١٦٤٠ طن من ثاني أكسيد الكربون.
- كما ينقي الهكتار الواحد من الغابات ١٨ مليون مكعب من الهواء على مدار العام.

---

[٨٣] منظمة الزراعة والأغذية (FAO) (٢٠١٠).

فى حال تقرر اتباع خيار إقامة بعض الغابات الشجرية على بعض المناطق الصالحة، أو المستصلحة، من الشريط الساحلي لدلتا النيل، فسوف يساهم هذا الخيار كما سبق وأشرتُ فى تحقيق العديد من المنافع البيئية، والاقتصادية، والترفيهية، والتي يمكن توضيحُها ببعض التفصيل فى المحاور التالية:

المحور الاول: الحد من تأثيرات عزو مياه البحر وارتفاع منسوب المياه تحت السطحية، والتي قد تسبب فيضانات فى الشريط الساحلي للدلتا. تستطيع الأشجار الخشبية أن تقلل من أخطار الجريان السطحي للماء، وتقلل من خطر الفيضانات، والسيول في المناطق التي تتميز بشدة أمطارها، وتعرضها للسيول بصفة مستمرة، أو الفيضانات من الأنهار ولكن لاتمنعها. فنجد أن سيقان الأشجار تعمل كحاجز أمام اندفاع المياة، علاوة على تراكم المادة العضوية تحت هذه الأشجار من أفرع، وفريعات، وأوراق، وهذه تعمل على تشرب المياه، وأيضاً اعاقة ادفاعها. كذلك الأشجار تجعل التربة تحتها هشة لدرجة كبيرة، وهذا يساعد على امتصاص هذه التربة للمياة المندفعة، فتقلل من شدة جريانها، ومن كميتها.

كذلك تقومُ كلُ الأشجار الخشبية بعملية النتح مثل باقي النباتات، وذلك سحب المياه تحت السطحية من الأعماق، وإعادة إطلاقها فى الغلاف الجوي خلال الثغور الموجودة بالأوراق، فتؤدي إلى تبريد الهواء الجوي، ومن ثم تكوين السحب، ثم تفريغ ما بها من مياه مرة ثانية عن طريق الأمطار، وهكذا دواليك، ففي غابات الأمازون على سبيل المثال تنشأ حوالي من ٢٥٪ إلى ٦٥٪ من الأمطار التي تسقط بسبب عملية النتح تلك[٨٤].

هناك بعض الأشجار التي تتميز بمعدلات عالية من النتح مثل أشجار الكافور، ويتم الاستفادة من هذه الميزة في استخدام وزراعة هذه الأشجار في الأراضي ذات المحتوى المائي المرتفع، بدلاً من أن يتم صرفُ هذه المياه عن طريق حفر المصارف، ورفع المياه بالماكينات، فإن الأشجار بنفسها تقومُ بصرف هذه المياه عن طريق امتصاصها بمجموعها الجزري، ثم التخلص

---

[84] Cyril F. Kormos et al (2016)

منها عن طريق فتحات الثغور في عملية النتح، وتسمى هذه العملية بالصرف البيولوجي (الحيوي)، أي استخدام كائنات حية لصرف الماء الزائد.

المحور الثاني: تحسين نوعية، وخصائص التربة، نتيجة لتراكم المواد العضوية، والدوبال، والكائنات الحية الدقيقة. وجود الأشجار الخشبية يؤدي إلى المحافظة على التربة، وتحسينها، وكذا حماية التربة تحتها، لأنها تقومُ بعزل الرياح عن الطبقة السطحية للتربة، فلاتؤدي إلى انتقال هذه الطبقة بواسطة الرياح من مكان لآخر، وبذلك تمنع فقد الأرض لخصوبتها، كما أن الأشجار الخشبية تقوم بإغناء التربة، وزيادة خصوبتها عن طريق سقوط المادة العضوية منها من أفرع، وفريعات، وأوراق، وأزهار، وثمار، وبراعم، وعند تحللها في التربة سوف تضيف مادة عضوية تفيد التربة، بالإضافة إلى العناصر المعدنية، ونجدُ أيضاً أن وجود الأشجار يؤدي إلى جذب الكائنات الحية الدقيقة النافعة، وغير الدقيقة من بكتيريا وديدان الأرض، وغيرها، وهذه بصفة عامة تفيد التربة. لذلك فإن كثيراً من الناس ومن أجل إصلاح الأراضي الصحراوية القاحلة تقوم بزراعة الأشجار الخشبية فيها لعدد من السنوات لتحسين صفاتها من حيث زيادة كمية المادة العضوية، وزيادة الكائنات الحية بها وزيادة التهوية، وذلك قبل زراعتها بالمحاصيل غير الشجرية ،أو قد يتم زراعة المندمجات الشجرية مع المحاصيل.

المحور الثالث: تثبيت التربة، خاصة تجمعات الكثبان الرملية، والحد من مخاطر التعرية المستمرة. لبعض الأشجار الخشبية مجموع جزري شبكي مثل أشجار الصفصاف يستطيع أن يمسك بمكونات، وجزيئات التربة، ويمنع تهدلها، وبالتالي يتم استخدامها، وزراعتها لحفظ التربة من الانهيار. وجدير بالذكر بأن ٨٪ من غابات العالم تستخدم لحماية التربة، و الموارد المائية، و تثبيت الكثبان الرملية.

المحور الرابع: تحسين نوعية الهواء والحد من الأتربة، والجسيمات العالقة. تقوم الغابة بدور مصفاة طبيعية للغبار، والدخان، وغيرها من ملوثات الجو، حيث تساهم أوراق، وجذوع الأشجار في تنقية الجو بشكل عام. فالغابات الشجرية ذات الأوراق العريضة في منطقة معتدلة

يمكن أن توقف سنويا بحدود ٨٠ طناً من الغبار في الهكتار، وغابة من الصنوبريات يمكنها أن تحجز ٣٠ طناً، فهي تعتبر نظاما بيئيا صحياً جداً للإنسان[٨٥].

المحور الخامس: تحسين، ودعم ، المنظومة البيئية الساحلية بصفة عامة، وإتاحة الموائل الطبيعية، وزيادة فرص التنوع البيولوجي بها. تعتبر الغابات الشجيرية الكثيفة من البيئات الطبيعية الملائمة تماما للتنوع البيولوجى، لذا فقد تم تخصيص ١٢٪ من الغابات في العالم للحفاظ علي التنوع الحيوي، أي أكثر من ٤٦٠مليون هكتار، فالغابات تجمعُ حي يضم كائنات نباتية، وحيوانية، على غاية من التنوع، ويجمع بينها عددٌ لا حصر له من العلاقات المتداخلة[٨٦]، ولعل السمتين المميزتين للمنظومة البيئية في الغابات هما :

- ما تتميز به الأشجار من كثافة عددية.
- ما تمارسه الغابةُ من تأثير في بقية الأنواع النباتية، والحيوانية.

بعض بذور الأشجار كالصنوبر تكون مصدرًا لغذاء بعض الطيور التي تعيش في الغابة، كذلك تمثل أوراق الأشجار الغذاء المفضل لأصناف عديدة من الحشرات. بعض الكائنات الحيوانية كالطيور، والحشرات تساهم بدورها هي الأخرى في توفير الظروف الملائمة للنمو السليم للأشجار، وذلك بما تقدمه من خدمات كالتلقيح، أو من نثر للحبوب والبذور.الحشرات تساهم بدورها هي الأخرى في توفير الظروف الملائمة للنمو السليم للأشجار وذلك بما تقدمه من خدمات، كما أن نمو الأشجار في الغابات على عدة طبقات واضحة المعالم تتفاوت أطوالها حتى تصل إلى ٤٠ مترًا يؤدي إلى تنوع المستويات المتعددة للغطاء الغابي، ويؤدي إلى تعدد درجات كثافتها الضوئية، ومستويات رطوبتها، مما يسمح بوجود أنواع من الأحياء تتعايش معها في حيز ضيق، وبذلك تعتبر الغابات أغنى أجزاء سطح الأرض بأنواع الكائنات الحية المختلفة، ويمكن ملاحظ الآتى[٨٧]:

---

[٨٥] منظمة الزراعة والأغذية (FAO) (٢٠١٠).

[٨٦] منظمة الزراعة والأغذية (FAO) (٢٠١٠).

[٨٧] منظمة الزراعة والأغذية (FAO) (٢٠١٠).

- الهكتار الواحد من الغابات المطيرة المختلطة يضم ٣٠٠ نوع من الأشجار.
- رقعة مساحتها ٥ كم مربع من الغابات المطيرة تضم أكثر من (١٣٠٠ نوع من الفراش)، و(٦٠٠ نوع من الطيور)
- شجرة واحدة تضُم ٤٣ نوعًا من النمل.

المحور السادس:حماية مياه البحر المتوسط من التلوث، حيث يتم التخلص من مياه الصرف الزراعي المختلط بمياه الصرف الصحي المعالج في بعض الأحيان، وغير المعالج فى أحيان كثيرة، والتي تُلقيها العديدُ من المصارف الزراعية في نهاية المطاف على مياه البحر مباشرة. يمكن زيادة فرص التخلص الآمن من هذه المياه، والحيلولة دون التخلص منها فى المياه الساحلية، وذلك من خلال إعادة إستخدامها فى ري تلك الغابات الشجرية غير المنتجة، والمقترح إقامتها بالشريط الساحلي، وهذه القضية من القضايا البيئية الملحة التي يجب أن تتبناها الدولة لتحقيق هدفين بيئيين أساسيين. بل إنَ العديد من المشروعات التى تهدف إلى إنشاء الغابات الشجرية على مياه الصرف الصحي المعالج، أو حتى مياه الصرف الزراعي، أصبحت من المشروعات الرائدة فى العديد من معظم بلدان العالم الثالث، خاصة التى تعاني من نقص خدمات الصرف الصحي وسبل التخلص الآمن منه.

المحور السابع :زيادة فرص إنتاج مصر من الأخشاب التى تسخدم في الأغراض الصناعية المختلفة، والتوسع فى الصناعات الصديقة للبيئة، والتي يمكن أن تقوم أساساً على الصناعات الخشبية. وعالمياً تستخدم ٣٠٪ من الغابات لإنتاج المنتجات الخشبية و غير الخشبية، أي بما يساوي ١,٢ مليار هكتار، وتقدر كمية الأخشاب المستخرجة من الغابات عالميا نحو ٣٤ مليار متر مكعب في الفترة من ٢٠٠٣م : ٢٠٠٧م[٨٨].

المحور الثامن: التنمية السياحية، حيث يمكن استغلال المناظر الجمالية الطبيعية (Natural Land scope) التي ستنشئها تلك الغابات الشجرية، خاصة وأنها ستقع بين ظهير صحراوي،

---

[٨٨] منظمة الزراعة والأغذية (FAO) (٢٠١٠).

وواجهة أمامية للمسطح المائي المفتوح للبحر المتوسط، وهذا التنوع الطبيعي فى البيئات، سيجعل من تلك المناطق مزاراً مفضلاً ، ومميزاً للعديد من السائحين المحليين أو حتى الأجانب، ومن ثم سينتعش الوضع الاقتصادي للعديد من الفئات، وستفتح المجال واسعاً أمام الشباب القاطنين بالمناطق المجاورة، بما تتيحه من فرص عمل جديدة.

يمكن أيضاً إقامة بعض الرياضات الترفيهية داخل هذه الغابات مثل- رحلات السفاري، والصيد، والتريض، وغيرها من وسائل الترفيه، والاستمتاع، التي يمكن إقامتها داخل هذه الغابات المستزرعة، كما يمكن الاستفادة من المنطقة المنخفضة ، والتي يقل مستواها الطبوغرافي عن مستوي سطح البحر والتي تقل عن١ متر ، حيث تمثل هذه المناطق في بعض الأجزاء من الشريط الساحلي حوالي ٣٧٪ - كما هو الحال فى الأجزاء الواقعة بين غرب مدينة جمصة وحتى حدود محافظة كفر الشيخ، ومن المتوقع أن تغمرها مياه البحر المالحة لفترات طويلة، خاصة فى فصل الشتاء، وأثناء فترات المد، ويمكن الاستفادة منها كمناظر طبيعية خلابة، لوقعها بين تلك الأشجار التي سيتم استزراعها.

تكمن الفكرة في الخيار الأخير لمواجهة غزو مياه البحر المتوسط، بإقامة غابات شجرية كثيفة، وغير منتجة، في بعض المناطق المهددة من الشريط الساحلي الشمالي، خاصة الشريط الواقع بين خط الشاطئ، والطريق الدولي الساحلي، وبمتوسط عرض يتراوح بين ٠,٥-٣كم، وذلك فى الجزء الممتد من محافظة بورسعيد شرقاً، وحتى محافظة الاسكندرية غرباً.

تُحدد أولوية إختيار المناطق التي يجب أن ينفذ فيها هذا الخيار طبقاً لأكثرها تهديداً، والأكثر عرضةً عن غيرها لغزو مياه البحر، يليها تلك المناطق المشمولة حالياً بالحماية الطبيعية نتيجة لإرتفاعها عن مستوى سطح البحر، أو نتيجة لوجود الكثبان الرملية. لذلك يجب أن تسبق مرحلة الإستزراع هذه، مرحلة تقييم المخاطر،وإعداد الخرائط المناسبة لتغطي الشريط الساحلي، بحيث تصنف المناطق طبقاً لمستوى الخطورة التي يتهددها. يمكن تحديد أسلوب وتوقيتات الاستزراع بعد إجراء الدراسات المناسبة، سواء لنوعية التربة، أو الأشجار المرشحة للزراعة. لن يشكل

الوضع الطبوغرافي الحقيقي للمنطقة أي تهديد، أو إعاقة، لتنفيذ هذا الخيار ،حيث يمكن إعتماد نظام الري بالتنقيط كخيار مناسب لطبيعة التضاريس الساحلية.

المياه التي ستستخدم فى ري تلك الأشجار يمكن توفيرها من أكثر من مصدر؛ المصدر الأول وهو مياه الصرف الزراعي التي يتمُ التخلصُ منها على البحر المتوسط ، من خلال العديد من المصارف الزراعية الكبيرة والمتوسطة، تلك المياه تمثل جزءً كبيراً من المياه المهدرة، والتي تتسبب فى تلوث مياه البحر المالحة دون أدنى استفادة، بحيث يمكن تعديل مسارات بعض تلك المصارف وتجميع تلك المياه فى خزانات أرضية يتم السحب منها وقت الحاجة، أو من خلال السحب المباشر من نهايات تلك المصارف، من خلال محطات تنشأ خصيصاً، وتكون مزودة بمضخات لسحب المياه من المصارف، ثم ضخها فى شبكة من المواسير الناقلة، والمغذية لشبكة الري بالتنقيط، وتمتد عبر صفوف الأشجار. المصدر الثاني وهو مياه الصرف الصحي المعالج الناتج عن بعض محطات التنقية المقامة بالمناطق المقرر استزراعها، وبعد تحويل مخارج تلك المحطات من الصرف على المصارف إلى خطوط نقل مباشر لأماكن الاستزراع.

لا يجب إغفال مياه الأمطار، حيث تتميز المناطق الساحلية بغزارة الأمطار التي تسقط عليها طوال فصل الشتاء، لذلك يمكن الاستفادة من تلك المياه بشكل طبيعي طوال هذه الفترة، ومن ثم لن تكون هناك حاجة للرى المُتعمد، خاصة وأنه يصعب تجميع هذه المياه وتخزينها لوقت الحاجة، نظراً لطبيعة الأرض الرملية التي ستعمل على تسريب مياه المطر إلى الخزان الجوفي خاصة أسفل تجمعات الكثبان الرملية. يمكن تقسيم الخطة التنفيذية للمشروع إلى ثلاثة مراحل رئيسية:-

أولا: المرحلة التجريبية: وهي دراسة خصائص، ونوعية التربة الساحلية، وكذا نوعية المياه تحت السطحية،حيث يتم إعداد الدراسات العلمية، وإجراء التحاليل المناسبة لنوعية التربة الساحلية للتعرف على نوعيتها، وخصائصها الفيزيائية والكميائية، ومستوى الخصوبة بها، ومضاهتها بنوعيات التربة فى أماكن أخرى من العالم، والتعرف على مدى ملاءمتها لاستزراع الأنواع، والأصناف المختلفة من الغابات الشجيرية، وكذلك إجراء التحاليل البيئية المناسبة

لنوعية المياه تحت السطحية التي تغمر المناطق المنخفضة، وتحديد خصائصها، ومستويات الملوحة بها، إضافة إلى التعرف على الظروف المُناخية السائدة بالمنطقة الساحلية للبحر المتوسط.

المرحلة الثانية : وهي استزراع تجريبي لنوعية الأشجار الخشبية التى تتناسب ونوعية التربة، وتجهيز المشاتل، حيث يمكن إجراء عمليات استزراع حقلى تجريبي خلال عام كامل لأنواع مختلفة من الأشجار التى يرجح أن تكون مناسبه، وملائمة لنوعية التربة، وكذا للظروف البيئية، والمُناخية للمنطقة، وذلك باستخدام مياه الصرف الصحي المعالج، ومياه الصرف الزراعي الزائدة، بهدف دراسة مستويات النمو، وكثافته، وأنسب التوقيتات وأنواع المعالجات التى قد تحتاجها التربة، أو حتى نوعية المياه المستخدمة في الري، والمقننات المائية المطلوبة، وقدرة الأصناف المختلفة على تحمل مستويات الملوحة، سواء لنوعية التربة، أو لنوعية المياه. بعد الانتهاء من الاستزراع التجريبي، يتم تجهيز وإعداد المشاتل المناسبة التى سيتم فيها استزراع الكميات المناسبة، بالأطوال المطلوبة، والملائمة، لزراعة المنطقة على فترات زمنية يمكن تقريرها طبقا للإمكانات المادية، والبشرية المتاحة.

المرحلة الثالثة: وهى الاستزراع الفعلي، وفي هذه المرحلة يتم البدء فى عمليات الزراعة الفعلية لنوعية الأشجار التى سيتم التعرفُ على ملاءمتها لطبيعة التربة، والظروف المُناخية وجودة المياه، فضلاً عن تحملها للملوحة العالية التي تتميز بها المياه تحت السطحية، وقد يكون ذلك لنوع أو أكثر، ولكن نظراً لاتساع المساحات المراد استزراعها بالأشجار سوف يتم تقسيمها إلى نطاقات فرعية، حيث تتم عملية الاستزراع بالتوالي، وعلى فترات زمنية متعاقبة يتم جدولتها فى خطة تنفيذية تفصيلية طبقا للإمكانات، ومستوى الخطورة البيئية، وتبدأ فور الإنتهاء من أعمال الدراسات التجريبية.

يمكن تقييم الجدوى البيئية، والاقتصادية لعملية استزراع غابة شجرية ببعض المناطق الساحلية المهددة بمخاطر غزو مياه البحر، أو تلك التي بدأت تغزوها مياه البحر بالفعل ، كإحدى أهم الخيارات من وجهة نظري، للتكيف مع مظاهر التغيرات المُناخية والتخفيف أيضاً من آثاره ،

حيث يمكن وبشكل حقيقي وقبل البدء حتى في عمليات الاستزراع، إجراء بعض الحسابات الدقيقة للكميات التي سيتم امتصاصها من غاز ثان أكسيد الكربون أثناء عملية البناء الضوئي للأشجار التي سيتم استزراعها، وتخزين الكربون فى الكتلة الحيوية (Biomass) للأخشاب ,والتربة، حيث تتراوح كثافة الكربون بالغابات من ٩٧ طن/للهكتار إلى ٦٤٢ طن/هكتار طبقاً للمُناخ الذى تنمو فيه تلك الغابات (استوائي-مداري-شمالي)[89] ، فضلاً عن كميات الأكسجين التي سيتم إطلاقها فى الغلاف الجوي فى نفس الوقت. كما يمكن تقديرُ مساهمة تلك المساحات فى زيادة التنوع البيولوجي، من خلال حساب عدد الطيور، والفراشات، والزواحف، والقوارض، والكائنات الدقيقة الأخرى، التي ستحيا داخل هذه الغابة الشجيرية، وستتخذ منها مأوى، أو موائل طبيعة، ناهيكم عن الفوائد البيئية المباشرة والتي تتمثل في كميات الأتربة، والجسيمات العالقة، التي ستساهم تلك الأشجار فى حجبها من خلال الأوراق، والفروع، وستحول دون إطلاقها بالهواء، مما تساهم تلك العملية فى تنقية الهواء الجوي.

هذا بالطبع علاوةً على العديد من الفوائد المتنوعة الأخرى ، والخدمات البيئية التي يمكن أن تقدمها الغابات الشجرية للإنسان مثل: الخامات الطبيعية، وبعض مصادر الغذاء، والنباتات التي تستغل فى الصناعات الدوائية والطبية، ومصادر الطاقة الحيوية، ومواد البناء، فضلاً عن المجتمعات الريفية (غير حضرية) التي سوف تستوعب العديد من السكان المحلين، وستأسسها تلك الغابة الشجرية حولها، وربما بداخلها، حيث سيعتمد هؤلاء السكان فى حياتهم اليومية على ما تنتجه تلك الغابة من موارد، وما تقدمة لهم من خدمات، سواء بطريقة مباشرة، أو غير مباشرة .

[89] Cyril F. Kormos et al (2016)

الخلاصة

بالرغم من حالة عدم اليقين التي إكتنفت قضية التغيرات المُناخية فى بداية الأمر، وإعتبار أن ما يحدث هو مجرد دور طبيعة من دورات المُناخ التي تتعاقب على كوكب الأرض، وليس للنشاط البشري دخل فيها، نظراً للحملات المتكرره، والممنهجة، للتشكيك فيها، والتي تبنتها بعض قوى الضغط، وأصحاب المصالح، وبعض الدوائر العلمية، وغيرهم ممن لهم مأرب فى عدم تصدر هذه القضية لصدارة الاهتمام العالمي، لتعارضها مع مصالحهم الاقتصادية الخاصة، التي توشك من وجهة نظرهم أن تتضرر ، بالرغم من هذا كله، ألا أن هذه القضية، وتحت وطئة تداعياتها الخطيرة، التي باتت لا تنكرها عين، بل راح يشهدها، ويلمس مظاهرها الجميع، وفى كل مكان بالعالم ، استطاعت أن تفرض نفسها على الساحة الدولية، فعُقدت من أجلها المؤتمرات الدورية، وأُبرمت الاتفاقيات، والمعاهدات، وقُدمت المساعدات، بل أُضطر العالم من خلال الهيئة الحكومية المعنية بالتغيرات المُناخية، والتابعة للأمم المتحدة للإعتراف بها صراحة واعتبرها حقيقة لا مراء فيها.

أثبتت الأدلة والبراهين العلمية الدامغة بأن النشاط البشري المتسارع، واللا منتهي، بهدف سد الحاجات، وتلبية المتطلبات الاساسية الضامنة للبقاء، بأنه هو السبب فى هذه الكارثة المُناخية التي حلت بكوكب الأرض، وتوشك أن تدمره. أدىَ هذا النهم البشري، بما يُخلفه من أثار سلبية إلى زيادة تركيزات غازات الاحتباس الحراري، أو ما يعرف بغازات الصوبة الزجاجية، حيث زادت هذه التركيزات أضعافاً مضاعفة عما كانت عليه قبل عصر الصناعة الأول، كما أن هذه الزيادة آخذه فى الاستمرار، دونما أي مؤشر يدل على قرب توقفها، أو حتى ثباتها عند مستواها الحالي، بل إن نمط ، ووتيرة هذه الزيادة تدل على استمرارها ربما لعقود قادمة، لا سيما مع عدم وجود جهود حقيقية جادة من قبل المجتمع الدولي لوقف تلك الأنشطة المسببة لها، أو حتي الحد منها.

تقوم تلك الغازات التي تتجمع فى الغلاف الجوي ، وبتركيزات عالية، بنفس فعل الصوبة الزجاجية، حيث تمتص جزء بسيط من الأشعة تحت الحمراء لأشعة الشمس الساقطة على كوكب الأرض أثناء انعكاسها إلى الغلاف الجوي مرة ثانية، وبعد أن تكون قد اصتدمت بسطح الأرض، ثم تحبسها، وتمنع إرتدادها مرة ثانية، وتسبب بذلك ما يسمى بالإحترار العالمي، حيث بلغ الأن متوسط الزيادة في درجات حرارة كوكب الأرض ١,١ درجة مئوية عما كانت عليه قبل عصر الصناعة، ومن المرشح أن تزداد درجات الحرارة إلى أكثر من ذلك، وقد تصل إلى ٤ درجات مئوية، ما لم يتم العمل بجدية على وقف هذه الزيادة إلى أن يصل متوسطها إلى ١,٥ درجة مئوية فقط بحلول عام ٢٠٣٠. لذا يجب أن تنخفض الانبعاثات العالمية الصافية الناتجة عن انبعاثات ثاني أكسيد الكربون بنحو ٤٥٪ عن مستويات عام ٢٠١٠م بحلول عام ٢٠٣٠م، لتصل إلى "صافي الصفر" في حوالي عام ٢٠٥٠م، وهذا يعني أنه يجب موازنة أي انبعاثات متبقية عن طريق إزالة ثاني أكسيد الكربون من الهواء.

لم تكن مصر إستثناء من باقي دول العالم، من حيث تأثرها بمظاهرة التغيرات المُناخية، بل إن كافة التقرير العلمية؛ الدولية، والمحلية، تؤشر على أن مصر ربما تكون من أكثر الدول عرضة للتأثيرات الكارثية لهذه المشكلة، المُناخية، والبيئية، خاصة الأجزاء الشمالية لدلتا النيل، والتي باتت مهدده بغزو مياه البحر، ومن ثم تملح التربة، وما يصاحبها من ضعف، وتدني إنتاجية الأراضي الزراعية، وتدهور المناطق السياحية، والمشروعات التنموية، وربما باتت هذه المناطق مهددة بالغرق مع إستمرار ارتفاع منسوب مياه البحر المتوسط. هذا فضلاً عن تأثر باقي المناطق بالمظاهر الأخرى التي تشترك فيها مع باقي الدول مثل- تعرضها للموجات الحارة، وما يصاحبها من إنتشار الأوبئة، والأمراض، والأفات الزراعية، وتغير خريطة الأمطار، وما قد يصاحبها من فيضانات، أو سيول، تحدث هنا، أو هناك. وينعكس هذا بالطبع على كافة نواحي الحياة؛ الاقتصادي والصحي، والتنموي، والسياحي، والاجتماعي.

أثبتت التجارب العملية أيضاً، بأنه يصعب مواجهة المشكلات المرتبطة بالكوارث الطبيعية بشكل مباشر، بل يجب التكيف مع بعض مظاهرة، والتخفيف من أثارها، فى نفس الوقت الذي يجب

أن تستمر فيه الجهود لوقف مصادرها، ومسبباتها. كما أثبت الواقع العملي بأن الحلول الهندسية لبعض مظاهر التغيرات المُناخية، خاصة غزو مياه البحر، وما يصاحبها من نحر وتآكل الشواطئ، ربما قد تساهم في وقف هذا التقدم لبعض الوقت، وفى بعض الأجزاء، لكن هذا الحال لن يستمر ، ولن يكون متسدام، ولا يجب معاندة الطبيعة فى كل الأحوال. والبديل هو التفكير فى حلول ذات اساس طبيعي(Natural Base Solutions)، إي التكيف مع مشاكل الطبيعة بحلول طبيعية وليست صناعية. هذا ما تضمنه الباب الأخير من كتابي هذا، حيث تم عرض حزمة من الخيارات التي يمكن من خلالها دعم، وتعزيز، الجهود الرامية للتكيف مع مشكلة غزو مياه البحر لشمال الدلتا، والتخفيف من أثارها، وعلى إعتبار أنها المشكلة الأكبر والأهم.

المراجع

١- المراجع العربي

- **المركز المصري للفكر والدراسات الاستراتجية ٢٠٢١:** تقديرات مصرية، قياس الأثر الاقتصادي للتغيرات المُناخية على مصر ، العدد ٣٧ ، صفحات ١٨-٢٠.
- **الموقع الرسمي لشبكة سكاي نيوز بالعربية(٢٠٢١):** تقرير تحت مسمى"استخدام الوقود الأحفوري مماثل قبل عشر سنوات". https://www.skynewsarabia.com/technology/.
- **الموقع الرسمي لوزراة البيئة (٢٠١٣):** ملخص التقرير السنوى للرصد البيئي للبحيرات.
- **الموقع الرسمي لوزارة البيئة (٢٠١٨):** التقرير الأول المحدث عن جرد الغازات المسببة للاحتباس الحراري والمقدم للأتفاقية الاطارية للتغيرات المُناخية التابعة للامم المتحدة.
- **الموقع الرسمي لوزارة البيئية (٢٠١١):** استراتجية التكيف.
- **الموسوعة المعرفية الشاملة (٢٠٠٩) :** العصر الجيليدى.
- **أيمن فريد أبوحديد (٢٠١٨):** مستقبل الزراعة المصرية في ضوء التغيرات المُناخية و الظروف الاقليمية. المؤتمر الدولى الخامس عشر لعلوم المحاصيل،صفحات ١٥-١٦.
- **منظمة الزراعة والأغذية (الفاو) (٢٠١٠)** :التقييم العالمى لحالة المواد الحرجية لعام ٢٠١٠، التقرير الرئيسى.
- **موقع الهيئة الحكومية الدولية المعنية بتغير المُناخ (IPCC) (٢٠٢٠):** تقرير حول الاحترار العالمي بـ ١,٥ درجة مئوية.
- **موقع المنظمة العالمية للأرصاد الجوية (٢٠٢١):** متحدون فى العلوم، تجميع عالي المستوى متعدد.

- **الموقع الرسمي للأمم المتحدة(٢٠٢١):**العمل المُناخي، تقرير بعنوان "من أجل مُناخ صالحٍ للعيش". . https://www.un.org/ar/climatechange/net-zero-coalition.
- **سكاى نيوز بالعربية (٢٠١٦):**تقرير صحفي تحت عنوان "**أقوى ١٠ أعاصير ضربت العالم في العصر الحديث**".
- **سيد فتحي أحمد الخولي (٢٠١٢):**تغير المُناخ، من اقتصاد البيئة إلى دبلوماسية المفاوضات. صادر عن مؤسسة عكاظ للصحافة والنشر . رقم الإيداع:١٤٣٣/٤٠٦١، ردمك:٩٧٨-٦٠٣-٠٠-٩٩٢٨-٣
- **https://enterprise.press/ar/greeneconomys**/تأثيرات ملموسة للتغير المُناخي على الزراعة في مصر 2021.
- **الموقع الرسمي للمنظمة العالمية للأرصاد الجوية (٢٠١٩):** تركيزات الاحتباس الحراري تصل لمستويات قياسية.

2- English References

- **Anderegg, William R L; Prall, James W.; Harold, Jacob; Schneider, Stephen H. (2010)**. "Expert credibility in climate change". Proc. Natl. Acad.
- **Brown 1996**: "The collection of original data, construction of new mathematical techniques, and generation and validation of testable hypotheses have been the hallmarks of the traditional scientific community…
- **Brulle, Robert (2014).** "Institutionalizing delay: foundation funding and the creation of U.S. climate change counter-movement

organizations". Climatic Change. 122 (4): 681–694. doi:10.1007/s10584-013-1018-7.

- **Calafat FM, Gomis D (2009):** Reconstruction of Mediterranean Sea level fields for the period 1945-2000. Global and Planetary Change, 66(3-4), 225-234.
- **Corcoran, Terence (2010).** "The cool down in climate polls".
- **Cyril F. Kormos, Russell A. Mittermeier, Tilman Jaege and Brendan Mackey (2016)**: A Geography of Hope "Saving the Last Primary Forests". Published by Earth in Focus. 200 First Ave W, #101. Qualicum Beach, British Columbia. Canada V9K213. ISBN:978-0-9947872-1-7.
- **Hptt://ourworldindata.erg/fossil-fuels (2020).**
- **Goldenberg, Suzanne (2013)**. "Secret funding helped build vast network of climate denial thinktanks". The Guardian. London.
- **Huffington Post, (2019)**, "Coal Knew, Too, A Newly Unearthed Journal from 1966 Shows the Coal Industry, Like the Oil Industry, Was Long Aware of the Threat of Climate Change".
- **International Institute for Environment and Development. (IIED) (2016)** "Climate denial and the populist right".
- **Intergovernmental Panel on Climate Change (IPCC) (2007)**: Fourth Assessment Report: Climate Change.

- **Intergovernmental Panel on Climate change (PCC) (2007)**: Climate Change 202. The Physical Science Bases. Six Assessment Report of the Intergovernmental Panel on Climate change.
- **Intergovernmental Panel on Climate change (PCC) (2021)**: Fourth Assessment Report. Climate Change 202. The Physical Science Bases.
- **Intergovernmental Panel on Climate Change (IPCC) (2014)**: Climate Change. Synthesis Report.
- **Jacques, Dunlap & Freeman 2008**: "Conservative think tanks…and their backers launched a full-scale counter-movement…".
- **Justin Farrell, (2015)**: Network structure and influence of the climate change counter-movement. Natura climate change. PUBLISHED ONLINE: 30 NOVEMBER 2015 | DOI: 10.1038/NCLIMATE2875.
- **Dunlap 2013:** "The campaign has been waged by a loose coalition of industrial (especially fossil fuels) interests and conservative foundations and think tanks… These actors are greatly aided by conservative media and politicians, and more recently by a bevy of skeptical bloggers."
- **Justin Gillis; Leslie Kaufman (2012)**. "Leak Offers Glimpse of Campaign Against Climate Science".

- **Kutzbach, J.E. (1996***)***. "Potential role of vegetation feedback in the climate sensitivity of high-latitude regions : A case study at 6000 years B.P." Global biogeochemical cycles. 10 (4). ISSN 0886-6236.
- **Lahsen, Myanna (2005).** "Technocracy, Democracy, and the U.S. Climate Politics: The Need for Demarcations". Science, Technology, & Human Values. 30: 137–169. doi:10.1177/0162243904270710.
- **Liu, Z., Ciais, P., Deng, Z., Lei, R., Davis, S.J., Feng, S., Zheng, B., Cui, D., Dou, X., Zhu, B., Guo, R., Ke, P., Sun, T., Lu, C. He, P., Wang, Y., Yue, X., Wang, Y., Lei, Y., Zhou, H., Cai, Z., Wu, Y. Guo, R., Han, T., Xue, J., Boucher, P., Boucher, E., Chevallier, F., Tanaka, K., Wei, Y., Zhong, H., Kang, C., Zhang, N., Chen, B., Xi, F., Liu,M., Bréon, F.-M., Lu, Y., Zhang, Q., Guan, D., Gong, P., Kammen, D.M., , K. and H.J. Schellnhuber. 2020.**"Near-real-time monitoring of global CO2 emissions reveals the effects of the COVID-19 pandemic". Nature Communications 11: 5172 (2020). 14 October 2020. https://www.nature.com/articles/s41467-020-18922-7#citeas.
- **National Center for Science Education (NCSE), (2017**): Support cliate education.
- **Manfred A. Lange (2020):** Climate Change in the Mediterranean Environmental Impacts and extreme Events.

- **Meyssignac B. et al. (2010):** Two-dimensional reconstruction of the Mediterranean Sea level over 1970– 2006 from tide gage data and regional ocean circulation model outputs. Global and Planetary Change, 77(1-2), 49-61.
- **PBL (Netherlands Environmental Assessment Agency). 2019**. Climate and Energy Outlook 2019.

https://www.pbl.nl/en/publicaties/klimaat-en-energieverkenning-2019

- **Pieazzoli, P.A. (1986):** Secular trends of relative sea-level changes indicated by tide gouges, J. Coastal Research, Special Issue, 1, PP. 1-26.
- **Pieazzoli, P.A. (1989):** Recent Sea-level changes in North Atlantic. Klumer, Dardrecht Nato ASI series, Vol. 266, PP. 153-167.
- **Pilkington, Ed (2013).** "Facebook and Microsoft help fund rightwing lobby network, report finds". *The Guardian.*
- **Ramaswamy et al, (2001)**: Radioactive forcing of climate change in climate change 2001. The scientific basis contribution of working Group I to the third assessment report of the intergovernmental panel on climate change, edited by J.T. Houghton. Chap.6 pp 349-416, Cambridge Univ. press, Cambridge, U.K.
- **Rakha A. E. and Abdel Raouf O. A., (2007):** Environmental Hazards Affecting the Development Projects in the Coastal Strip of Nile Delta. Bulletin of the Faculty of Science, Zagazig University, Fifith Scientific Environmental Conference, May 2010, PP. 1-20.

- Rakha A.E., (2006): Geo-environmental Study to Support the Sustainable Development of The Coastal Area of Nile Delta, Egypt, Using GIS and Remote Sensing Techniques. A Thesis for Ph.D. Degree, submitted to Mansours University, Geological Department.
- **Readfearn, Graham (2015).** "Doubt over climate science is a product with an industry behind it". *The Guardian.*
- **Rennie 2009:** "Claim 1: Anthropogenic CO2 can't be changing climate, because CO2 is only a trace gas in the atmosphere and the amount produced by humans is dwarfed by the amount from volcanoes and other natural sources. Water vapor is by far the most important greenhouse gas, so changes in CO2 are irrelevant.
- **Rennie 2009**: "Claim 3: Global warming stopped a decade ago; Earth has been cooling since then."
- **Rennie 2009**: "Claim 5: Climatologists conspire to hide the truth about global warming by locking away their data. Their so-called "consensus" on global warming is scientifically irrelevant because science isn't settled by popularity.... Claim 6: Climatologists have a vested interest in raising the alarm because it brings them money and prestige."
- **Rennie 2009**: "If there were a massive conspiracy to defraud the world on climate (and to what end?), surely the thousands of e-mails and other files stolen from the University of East Anglia's Climatic Research Unit and distributed by hackers on November 20 would

bear proof of it. So far, however, none has emerged. Most of the few statements that critics claim as evidence of malfeasance seem to have more innocent explanations that make sense in the context of scientists conversing privately and informally."

- **Rennie 2009**: "Climatologists are frequently frustrated by accusations that they are hiding their data or the details of their models because, as Gavin Schmidt points out, much of the relevant information is in public databases or otherwise accessible—a fact that contrarians conveniently ignore when insisting that scientists stonewall their requests."A
- **Rennie 2009**: " According to the U.S. Geological Survey, anthropogenic CO2 amounts to about 30 billion tons annually—more than 130 times as much as volcanoes produce."
- **Rennie 2009**: "from Arrhenius on, climatologists have incorporated water vapor into their models. In fact, water vapor is why rising CO2 has such a big effect on climate… Nevertheless, within this dynamic, the CO2 remains the main driver… of the greenhouse effect."
- **Sharaf El-Din, S. H., Ahmed, K. M. Khafagy, A., Fanous, A. and Ibrahim, A. M., (1989):** Extreme Sea level values on Egyptian Mediterranean coast for the next 5o years. In: proceeding Int. Seminar on climatic fluctuation and water management, paper II-6.

- **Schleussner CF et al. (2016)**: Differential climate impacts for policy-relevant limits to global warming: the case of 1.5 °C and 2 °C. Earth System Dynamics, 7, 327-351.
- **SDG Academy (2014)** :Climate change science& negotiations. The SDG Academy is the flagship education platform of the Sustainable Development Solutions Network (SDSN), a global initiative for the United Nations. https://sdgacademy.org/course/climate-change-science-negotiations
- **Suzanne Goldenberg (2015).** "Republicans' leading climate denier tells the pope to butt out of climate debate". *The Guardian.*
- **The World Economy Forum (2021)**: Global Risk Report.
- **Tsimplis M.N. et al. (2013):** The effect of the NAO on sea level and on mass changes in the Mediterranean Sea. Journal of Geophysical Research: Oceans,
- **Weart 2015a**: "From the late 1940s into the 1960s, many of the papers cited in these essays carried a thought-provoking footnote: "This work was supported by the 'Office of Naval Research.' "
- **Weart 2015a**: quote p. viii in the Foreword by Climate Research Board chair Verner E. Suomi
- **Weart 2015a**: Global Warming Becomes a Political Issue (1980–1983); "In 1981, Ronald Reagan took the presidency with an administration that openly scorned their concerns. He brought with

him a backlash that had been building against the environmental movement. Many conservatives denied nearly every environmental worry, global warming included. They lumped all such concerns together as the rants of business-hating liberals, a Trojan Horse for government regulation."

- **Warne, A. G., and Stanley, D. J., (1993):** Late Quaternary evolution of the North West Nile Delta and adjacent coast in the Alexandria region Egypt. J. Coast Res. 7(2), spring, 465-475.
- **Washington, Haydn; Cook, John (2011).** Climate Change Denial: Heads in the Sand. *Earthscan.*
- **Xifra, Jordi (2016).** "Climate Change Deniers and Advocacy: A Situational Theory of Publics Approach". American Behavioral Scientist. 60 (3): 276–287. doi:10.1177/0002764215613403

الاختصار	التفصيل	الدلالة بالعربي
SPN	States Policy Network	شبكة السياسة الدولية
NCSE	The National Center for Science Education.	المركز الوطني لتعليم العلوم
GHG	Green House Gases	غازات الصوبة الزجاجية
SF6	Six Florid Sulphur	سادس فلوريدالكبريت
LLGHs	Long Life Green House Gases	غازات الصوبة الزجاجية طويلة العمر
DEM	Digital Elevation Models	نماذج الارتفاع الرقمي

فهرس المحتويات

فهرس الأشكال

أرقام الأشكال	البيان	أرقام الصفحات
شكل رقم ١	تأثير جائحة فيروس كرونا على الأنبعاثات العالمية لغازات الاحتباس الحراري	٢٥
شكل رقم ٢	التغيرات في درجات حرارة كوكب الأرض يتزامن معها تناقس مساحات الجليد وأرتفاع منسوب مياه البحار والمحيطات	٢٧
شكل رقم ٣	أثار الدمار الذي الحقه أعصار كاترينا بالولايات المتحدة الأمريكية عام ٢٠٠٥م	٢٨
شكل رقم ٤	المكونات المنشئة للمُناخ وتفاعلها مع بعضها	٣٤
شكل رقم ٥	الارتفاع المستمر في تركيزات غازات الأحتباس الحراري منذ عام ١٩٧٥	٣٧
شكل رقم ٦	الأعة الشمسية ونسب توزيعها منذ إنطلاقها من الشمس وحتى سقوطها على الأرض	٣٩
شكل رقم ٧	ظاهرة الأحتباس الحراري (الصوبة الزجاجية)	٤١
شكل رقم ٨	الأماكن الأكثر تهديداً بغزو مياه البحر والمشمولة بالحماية	٥١
شكل رقم ٩	طبقة الخث (Peat Layer)	٥٢
شكل رقم ١٠	معدل تدفقات المياه من منابع النيل على مدار العام	٥٧
شكل رقم ١١	التغيرات المتوقعة في انتاجية بعض المحاصيل نتيجة لمظاهر التغيرات المُناخية	٦٤

فهرس الجداول

الغزو الأزرق....وخيارات التكيف

دأب المشككون من أصحاب المصالح وقوى الضغط على التشكيك في حقيقة التغيرات المُناخية، دون أن يقدموا أدلة واضحة تعكس وجهة نظرهم، وربما تحركهم مصالح بعض المنظمات أو المؤسسات التي ينتمون إليها. تحولت قضية التغيرات المُناخية إلى سجال سياسي ،يحاول كل طرف تحقيق أكبر قدر من المكاسب، وأقل قدر من الخسائر. بالرغم من أن القضية هي بالأساس مشكلة علمية، ويجب أن يديرها العلماء، ويجدوا لها الحلول العلمية المناسبة، إلا أن الأمر الواقع بات معكوساً.

توصلت الهيئة الحكومية الدولية المعنية بتغير المُناخ في تقريرا خاص إلى أن الحد من الاحترار العالمي إلى ١,٥ درجة مئوية يتطلب تحولات "سريعة وبعيدة المدى" في الأرض، والطاقة، والصناعة، والمباني، والنقل، والمدن. يجب أن تنخفض الانبعاثات العالمية الصافية الناتجة عن انبعاثات ثاني أكسيد الكربون بنحو ٤٥٪ عن مستويات عام ٢٠١٠م بحلول عام ٢٠٣٠م، لتصل إلى "صافي الصفر" في حوالي عام ٢٠٥٠م، وهذا يعني أنه يجب موازنة أي انبعاثات متبقية عن طريق إزالة ثاني أكسيد الكربون من الهواء.

يعد غزو مياه البحر من أهم مظاهر التغيرات المُناخية التي تهدد مصر، حيث يعتقد أنه الخطر الأكبر الذي يجب أن تعد له العدة، وتتكاتف من أجله كافة الجهود المحلية، لا لمواجهته، بل لتكيُف معه، والعمل على التخفيف من تأثيراته الحتمية، وآثاره الوشيكة.

أصبحت خيارات التكيف ، وتدابير التخفيف ، هما الخياران اللذان يجبُ أن تلتزم بهما كلُ الدول، فضلاً عن الاستمرار فى التفاوض حول تدابير خفض انبعاثات غازات الاحتباس الحراري. لذلك يجب أن تتبنى الدولة التدابير التي تستند إلى الحلول ذات الاسس الطبيعية، لمواجهة مشاكل الطبيعة.

المؤلف

د / أحمد السيد رخا